高·职·高·专·规·划·教·材

水资源与取水工程

张子贤　袁　涛　编著　　缴锡云　主审

SHUIZIYUAN YU QUSHUI GONGCHENG

化学工业出版社

·北京·

本书主要介绍河川径流与水文统计的基本知识、地下水的基本知识、水资源计算与评价、地下水取水构筑物、地表水取水工程等内容。介绍相关领域的新方法、新技术和新设备等；各部分内容采用了国家和行业现行规范；引入工程实例与案例，使各部分内容与实际应用有机结合，突出实用性和实践性。每章内容有学习指南及思考题与技能训练题。

　　本书适合于高职高专给排水工程技术、市政工程技术等专业，也可供相关专业的师生及工程技术人员参考。

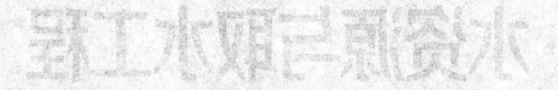

图书在版编目（CIP）数据

水资源与取水工程 / 张子贤，袁涛编著. —北京：
化学工业出版社，2016.4（2023.1重印）
高职高专规划教材
ISBN 978-7-122-26497-8

Ⅰ.①水… Ⅱ.①张…②袁… Ⅲ.①水资源管理-
高等职业教育-教材②取水-水利工程-高等职业教育-
教材 Ⅳ.①TV213.4②TV67

中国版本图书馆 CIP 数据核字（2016）第 057442 号

责任编辑：吕佳丽　　　　　　　　　　　　　　　　　装帧设计：张　辉
责任校对：王　静

出版发行：化学工业出版社（北京市东城区青年湖南街 13 号　邮政编码 100011）
印　　装：天津盛通数码科技有限公司
787mm×1092mm　1/16　印张 10¼　字数 240 千字　2023 年 1 月北京第 1 版第 3 次印刷

购书咨询：010-64518888　　　　　　　售后服务：010-64518899
网　　址：http://www.cip.com.cn
凡购买本书，如有缺损质量问题，本社销售中心负责调换。

定　　价：29.00 元　　　　　　　　　　　　　　　　　版权所有　违者必究

前言

PREFACE

随着专业发展和课程教学的需要，水资源与取水工程领域的新成果、新技术、新方法、新设备亟需引入《水资源与取水工程》教材中，涉及的 10 余种技术规范多已修订，亟需按现行规范编写有关内容。因此，《水资源与取水工程》教材建设迫在眉睫。该教材涵盖多个专业领域，涉及专业知识面广，内容复杂，且具有基础性、专业性、综合性，编写具有一定的难度，故教材建设具有重要意义。基于上述原因，笔者新编了本书，本书具有如下特点：

1. 力求突出高职高专特色，遵循循序渐进规律。注重基本知识、基本理论、基本方法的应用，并引入较多实际案例作为例题，理论与实践有机融合；在内容深广度的把握上，体现高等职业教育的人才培养目标；在内容叙述上环环相扣，科学严谨。

2. 在结构上整合有关内容，将"水体污染及其污染控制"一章中的水体污染物质及其污染特性整合到水资源评价一章中；将水体污染回归预测方法整合到河川径流与水文统计一章中；删减水质监测等内容，避免与有关课程重复。

3. 介绍新成果、新技术、新方法、新设备，并引入 10 余种现行规范，体现行业发展，紧扣现行规范。同时，依据行业规范和行业手册确定有关工程参数，数据翔实、可靠，体现了先进性、规范性和严谨性。

4. 开拓性编写各章学习指南、恰当与适量的思考题与技能训练题等，便于教和学，有利于学生自主学习、实训与思考，体现自主性。

5. 内容叙述层次分明，逻辑性强，语言简练，行文流畅，符号与图表规范，便于阅读。

本书由江苏建筑职业技术学院张子贤教授、袁涛博士编著。第一章~第五章由张子贤编写；第六章由江苏建筑职业技术学院袁涛博士编写，张子贤负责统稿与补充编写本章学习指南、第三节中的固定式取水构筑物设计案例、思考题与技能训练题等。

河海大学博士生导师缴锡云教授担任主审，他对书稿进行了认真细致的审查，并提出修改意见，编者在此深表谢意。

在本书的编写过程中，得到了河北水文水资源勘测局刘惠霞、河北水利水电勘测设计院何书会教授级高工的热情帮助，特此表示感谢。

限于编者水平，书中不妥之处恳请读者批评指正。

编著者
2016 年 1 月

目录

CONTENTS

第四章　水资源的计算与评价

第五章　地下水取水构筑物

第六章　地表水取水工程

参考文献

第一章

绪　论

学习指南

介绍水资源的定义与特点，旨在认识水资源的特性，为理解本课程的学习任务奠定基础；学习不同水源的给水系统，有助于深刻理解取水构筑物的概念、取水工程系统的概念与组成。在上述内容基础上，介绍本课程的学习任务，也即本课程的课程体系：河川径流、水文统计、地下水等基本概念与基本知识；水资源的计算与评价；各种取水构筑物的类型、适用条件，常用取水构筑物的设计计算、施工与运行管理等。在介绍了课程体系的基础上，指出本课程的特点。通过绪论的学习，其一，应能回答以下问题：水资源的定义与特点？搞清水源特性需要哪些方面的知识与技能？给水系统的组成及本课程的作用？取水构筑物的定义？本课程的主要内容？涉及哪些专业技术领域？有何特点？等等；其二，应熟知本课程的总体目标。

第一节　水资源及其特点

一、水资源的定义与地球上的水资源

早期的非常广义的水资源的定义，是指地球表面、岩石圈内、大气层中、生物体内储存着的各种形态（气态、液态、固态）的水体。地球上各种水体的分布和储量见表1-1。

表1-1　地球上各种水体的储量

水体种类	水量		咸水		淡水	
	万亿立方米	%	万亿立方米	%	万亿立方米	%
海洋水	1338000	96.54	1338000	99.04	0	0
地表水	24254.1	1.75	85.4	0.006	24168.7	69.0
冰川与冰盖	24064.1	1.736	0	0	24064.1	68.7
湖泊水	176.4	0.013	85.4	0.006	91.0	0.26
沼泽水	11.47	0.0008	0	0	11.47	0.033
河流水	2.12	0.0002	0	0	2.12	0.006
地下水	23700	1.71	12870	0.953	10830	30.92

水体种类	水量		咸水		淡水	
	万亿立方米	%	万亿立方米	%	万亿立方米	%
重力水	23400	1.688	12870	0.953	10530	30.06
地下冰	300	0.022	0	0	300	0.86
土壤水	16.5	0.001	0	0	16.5	0.05
大气水	12.9	0.0009	0	0	12.9	0.04
生物水	1.12	0.0001	0	0	1.12	0.003
全球总储量	1385984.6	100	1350955.4	100	35029.2	100

由表 1-1 可见，全球总水量约为 1385984.6 万亿立方米，其中淡水（含盐量小于 1g/L）35029.2 万亿立方米，占全球总水量的 2.5%；咸水 1350955.4 万亿立方米，占全球总水量的 97.5%。而在淡水中，有 68.7% 分布在冰川与冰盖中，有 30.92% 蓄存在地下含水层和永冻土层中，而湖泊、河流、土壤中分布的淡水只占 0.316%。

显然，可供人类开发利用的水资源应不包括水质不合要求的水体（例如海水）、现有条件尚不能利用及一旦开采很难恢复的水体。1988 年联合国教科文组织和世界气象组织给出水资源的定义为："作为资源的水应当是可供利用或有可能被利用，具有足够数量和可用质量，并可适合对某地为对水的需求而能长期供应的水源。"我国《水文基本术语和符号标准》GB/T 50095—98 中水资源的定义为"地球表层可供人类利用又可以更新的气态、液态或固态的水。通常指较长时间内保持动态平衡，可通过工程措施供人类利用，可以恢复和更新的淡水"。

水资源作为一种动态资源，一般以一年内可以恢复和更新的水量来表示。地球上水资源的数量常用全球水循环可以不断获得更新补充的淡水来表示，这个量的多年平均值即是自然界水循环中平均每年由海洋向大陆净输送的水汽量或由大陆（包括由地表和地下）注入海洋的河川径流量，其水量为 47 万亿立方米。

二、我国水资源的主要特点

水资源不同于土地资源和矿产资源，有其独特的特点，只有充分认识它的特点，才能合理、有效地利用。水资源具有水利和水害的两重性、循环性和有限性、时空分布不均匀性、用途的广泛性和不可替代性等特点。

我国由于人口众多，疆域辽阔，地处中低纬度、海陆位置以及季风气候的降水等特点，使我国水资源具有以下主要特点。

（1）人均、亩均水资源量少。我国水资源总量约为 2.8 亿立方米，居世界第六位，但我国人口众多，人均水资源量为 2220m³，约为世界人均水量的 1/4。我国单位耕地面积上的水资源量也较少，约为世界地均水量的 2/3。水资源短缺已成为制约我国经济社会发展的主要因素。

（2）地区分布十分不均匀。我国水资源的地区分布由东南向西北递减，且与人口、耕地的分布不相适应。黄河、淮河、海河三流域耕地面积占 39%，人口占 35%，而水资源量仅占 7.7%，人均约 500m³，约为全国人均值的 1/4，是我国水资源最为紧张的地区。长江流域耕地面积占全国的 24%，人口占 34%，水资源量占 34%，人均水资源量约 2289m³。而西南诸河流域耕地面积仅占全国的 1.8%，人口占 1.6%，但水资源量却占 21%，人均水资源量约 29427m³，是我国水资源最为丰富的地区。

（3）年际和年内变化大，水旱灾害频繁。我国大部分地区降水量的年际和年内变化很大，而且干旱地区的变化一般大于湿润地区。南部地区最大年降水量一般是最小年降水量的2～4倍；北部地区一般是3～6倍。全国大部分地区连续最大四个月降水量占全年降水量的70％左右。南部地区最大年径流量一般为最小年径流量的2～5倍；北部地区一般是3～8倍，但有些河流可达十几倍。由于年内降雨集中，使得我国水资源量中，大约有2/3是洪水径流量。降水量和径流量在年际和年内间的剧烈变化，是水旱灾害频繁的根本原因。同时，水资源年际和年内变化大的特点，增加了水资源开发利用难度。

此外，我国水资源还存在污染比较严重；水土流失，河流泥沙含量大，造成泥沙淤积等问题。这些对水资源开发利用均是不利的，前者加剧了供需矛盾，后者加重了江河防汛的困难。

上述水资源特点和问题，使得天然来水过程，与各部门的需水过程是不相适应的，有时暴雨倾盆，江河横溢；有时干旱少雨，河流干涸。因此，必须通过水资源开发利用措施加以解决与治理。

第二节　水资源与取水工程课程的主要内容与任务

水资源可用于各个用水部门，本课程着重介绍给水，即居民生活用水和工矿企业等用水。给水水源分为两大类，地表水源和地下水源。地表水主要指江河、湖泊、水库等水体中的水；地下水主要指埋藏在地表以下一定深度土壤中的潜水和承压水。

给水系统指由取水、输水、水质处理和配水等设施所组成的工程系统，如图1-1、图1-2所示。

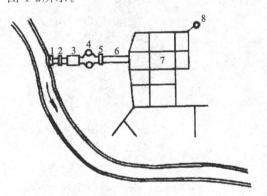

图1-1　地表水源的给水系统

1—取水构筑物；2—一级泵站；3—水处理构筑物；
4—清水池；5—二级泵站；6—输水管；7—管网
8—调节构筑物

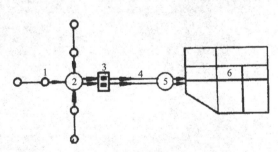

图1-2　地下水源的给水系统

1—管井群；2—集水池；3—泵站；4—输水管；
5—水塔；6—管网

在给水系统中，从水源地集取原水的构筑物称为取水构筑物。而取水工程通常指取水构筑物、取水泵站、输水管路的总称。取水工程的设计、施工与运行管理，必须搞清水源特性，以便合理开发取用。

本课程的主要内容有：河川径流、水文统计、地下水等基本知识；水资源的计算与评价；地下水取水构筑物与地表水取水工程的构造与形式、设计计算、工程施工、维护管理等。

　　本课程的总体目标是，通过本课程的学习，能熟练表述河川径流、水文统计、地下水等基本概念与基本知识，会进行有关计算，并应用到本课程有关内容的学习、其他课程的学习中，为今后工作奠定必需的专业基础知识；初步掌握水资源的计算与评价知识，掌握地下水与地表水取水构筑物的类型、构造、有关计算、施工等专业知识与专业技能，能初步进行常用中小型取水构筑物的类型选择与设计计算，熟悉常用取水构筑物的施工流程与方法，为今后从事专业技术工作奠定良好的基础。此外，通过本课程的学习，培养学生的规范意识和工程意识，会用相关领域的规范、标准，会正确确定工程参数，解决水资源与取水工程中有关技术问题。

　　由本课程的主要内容可知，本课程是由多门课程整合而成的一门综合性很强的课程，涵盖了多个专业领域的理论知识与工程技术，其特点之一是概念与术语多、头绪多、内容杂，这就要求同学们要善于总结与归纳；特点之二是涉及国家或行业规范多，这就要求同学们要善于搜集、正确使用现行规范，养成规范意识。

思考题

1. 如何理解水资源的定义？水资源有哪些特点？
2. 试回答给水系统的组成、取水构筑物的定义及其在给水系统中的作用。
3. 试回答水资源与取水工程课程的主要内容，学习本课程的总体目标。

第二章
河川径流与水文统计的基本知识

学习指南

河川径流特性与设计频率标准是地表水取水构筑物、桥梁工程等设计与施工、水资源评价等工作的重要依据之一。河川径流及水文统计中的频率计算知识与技能是完成上述工作任务的基础,这些内容不但是学习后续有关内容的基础,也是今后工作中常用的知识与技能。水文统计中相关分析与计算的知识与技能广泛用于各个专业领域,是工科专业学生必须具备的基本能力。因此给排水工程技术、市政工程技术等专业的学生应掌握河川径流、水文统计的知识与技能。学习目标如下:

(1) 能够熟练表述与应用下列术语或基本概念:

水文循环、河流与流域的常用术语,降水量与降雨强度,径流,出口断面的流量组成,径流量的表示方法与度量单位,水位,水位流量关系,泥沙的常用术语,概率与频率,累计频率,重现期,设计频率标准,防洪标准,设计保证率,雨水排除标准,经验频率计算的数学期望公式,设计的水文特征值(设计枯水流量与设计枯水位、设计洪峰流量与设计洪水位、设计年降水量、设计年径流量等),相关关系,回归分析,相关系数等。

(2) 能够熟练阐述水量平衡基本原理,会建立水量平衡方程。

(3) 会计算河道纵比降与水面纵比降。

(4) 能够熟练阐述弯曲河段的水流特征和河槽特征,并熟悉其工程应用。

(5) 会识读流域分水线。

(6) 能采用合适方法计算流域或区域平均降雨量。

(7) 能熟练进行径流量的计算,并正确使用单位。

(8) 会进行水位观测,熟知流量测算步骤,理解建立水位流量关系的目的及其使用方法;了解泥沙测算。

(9) 能够熟练进行频率与重现期互求。

(10) 能够绘制水文特征值的经验频率曲线,并用其确定设计的水文特征值。

(11) 能够熟练进行简单直线相关计算、判断密切程度、估计误差,并且正确使用相关方程解决实际问题;会常见类型的曲线相关计算,例如幂函数、指数函数、对数函数等类型。

第一节 水循环与水量平衡

一、自然界的水循环

(一) 水循环

地球上的水在不断地运动变化和互相交换着。地球上或某一区域内的各种水体，在太阳辐射和重力作用下，通过水分蒸发、水汽输送、降水、入渗、径流等过程不断变化、迁移的现象，称为水循环，也称为水文循环。

水循环按其规模与过程的不同，可分为大循环和小循环。从海洋表面蒸发的水分，上升到空中并随空气流动，输送到陆地，在一定的条件下，冷却凝结形成降水，降水的一部分经地面、地下形成径流并通过江河流回海洋；一部分又重新蒸发到空中。这种海洋与陆地之间的水分交换过程，称为大循环。小循环是指海洋或陆地上的局部水分交换过程。比如，海洋上蒸发的水汽在上升过程中冷却凝结形成降水回到海面；或者陆地上发生类似情况，都属于小循环。大循环是包含有许多小循环的复杂过程。如图2-1所示为地球上水循环示意图。

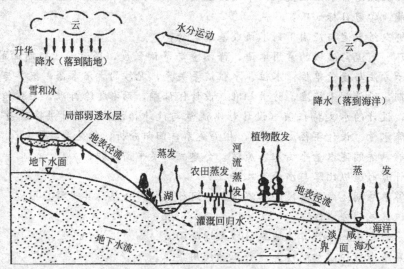

图 2-1 地球上水循环示意图

(二) 水循环的成因

形成水循环的原因分为内因和外因两个方面。内因是水在常态下有固、液、气三种状态，且在一定条件下相互转化；外因是太阳的辐射作用和地心引力。太阳辐射为水分蒸发提供热量，促使液、固态的水变成水汽，并引起空气流动。地心引力使空中的水汽又以降水方式回到地面，并且促使地面、地下水汇归入海。另外陆地的地形、地质、土壤、植被等条件，对水循环也有一定的影响。

水循环是地球上最重要、最活跃的物质循环之一，它对地球环境的形成、演化和人类生存都有着重大的作用和影响。正是由于水循环，水资源才成为可再生性资源，具有可恢复性。同时，由于不同时间、不同地域水循环的强度不同，使水资源时空分布不均匀，因而出现旱灾、洪灾与涝灾，给水资源的开发利用增加了难度。

二、水量平衡原理与方程

根据自然界的水循环，地球水圈的不同水体在周而复始地循环运动着，从而产生一系列的水文现象。在这些复杂的水文过程中，水分运动遵循质量守恒定律，即水量平衡原理。具体而言，是指任一区域、在给定时段内，输入该区域的各种水量之和与输出该区域的各种水量之和的差值，应等于该区域内蓄水量的变化量。据此原理，可列出一般的水量平衡方程：

$$W_i - W_o = W_2 - W_1 = \Delta W \tag{2-1}$$

式中　W_i——某时段内输入区域的各种水量之和；

　　　W_o——某时段内输出区域的各种水量之和；

　W_1、W_2——某时段初、末区域内的蓄水量；

　　　ΔW——时段内区域蓄水量的变化量，$\Delta W > 0$，表示该时段内区域蓄水量增加；相反 $\Delta W < 0$，表示该时段内区域蓄水量减少。

若计算时段为 n 年的多年平均情况，有

$$\sum \Delta W / n \to 0$$

因此，多年平均情况下，输入给定区域的总水量与输出该区域的总水量近似相等，即

$$\overline{W_i} \approx \overline{W_o} \tag{2-2}$$

水量平衡原理与方程在降雨径流分析、水资源评价与开发等问题中应用非常广泛。需要注意，使用时要明确区域和时段。

第二节　河流与流域

一、河流及其特征

（一）河流

河流是汇集一定区域地表水和地下水的泄水通道。由流动的水体和容纳水流的河槽两个要素构成。水流在重力作用下由高处向低处沿地表面的线形凹地流动，这个线形凹地便是河槽，河槽也称河床，是被水流所占据的河谷底部。当仅指其平面位置时，称为河道。枯水期水流所占河床称为基本河床或主槽；汛期洪水泛滥所及部位，称为洪水河床或滩地。流动的水体称为广义的径流，其中包含清水径流和固体径流，固体径流是指水流所挟带的泥沙。通常所说的径流一般是指清水径流，包括降水通过地表和地下汇入河槽的水流，分别称之为地表径流和地下径流。

各条河流水流路线所构成的脉络相通的系统，称为水系，也称为河系或河网。一条河流按其流经区域的自然地理和水文特点划分为河源、上游、中游、下游及河口五段。河源是河流的发源地，可以是泉水、溪涧、湖泊、沼泽或冰川。多数河流发源于山地或高原，也有发源于平原的。确定较大河流的河源，要首先确定干流。一般是把水系中长度最长或水量最大的称为干流，有时也按习惯确定，把大渡河看做岷江的支流就是一个实例。直接汇入干流的支流称为一级支流；直接汇入一级支流的称为二级支流；其余依此类推。水系常以干流命名，如长江水系、黄河水系等。

划分河流上、中、下游时，有的依据地貌特征，有的着重水文特征。上游直接连接河源，一般落差大，水流急，水流的下切能力强，多急流、险滩和瀑布。中游段坡降变缓，下切力减弱，旁蚀力加强，河道有弯曲，河床较为稳定，并有滩地出现。下游段一般进入平原，坡降更为平缓，水流缓慢，泥沙淤积，常有浅滩出现，河流多汊。河口是河流注入海洋、湖泊或其他河流的地段，这种直接或经干流流入海洋、湖泊的河流，称为外流河。内陆地区有些河流最终消失在沙漠之中，没有河口，称为内陆河。

（二）河流的特征

1. 河流的长度

河道各个横断面最大水深点的连线，称为河流的深泓线或溪线。自河源沿深泓线至河口量计的平面曲线长度称为河长，以 km 或 m 计。一般在大比例尺（如万分之一或五万分之一等）地形图上用分规或曲线仪量计；在数字化地形图上可以应用有关专业软件量计。

2. 河流的纵、横断面

河流某处垂直于水流平均流向或主流流向的剖面（以自由水面和湿周为界）称为横断面，又称过水断面。当水流涨落变化时，过水断面的形状和面积也随着变化。河流横断面有单式断面和复式断面两种基本形状。如图 2-2 所示为河流横断面示意图。

（a）单式断面　　　　　　　　　（b）复式断面

图 2-2　河流横断面示意图

河流从上游至下游沿深泓线所切取的河床与自由水面线间的剖面，称为河流纵断面。反映河流纵断面形态，常用纵断面图。以河槽底部转折点的高程为纵坐标，以河流水平投影长度为横坐标绘出的图形即为河流纵断面图。如图 2-3 所示为河流纵断面示意图。纵断面图中有时将水面线省略。

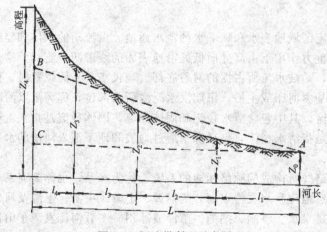

图 2-3　河流纵断面示意图

3. 河道纵比降

河段两端的河底高程之差称为河床落差；河段两端同时刻的水面高程差称为水面落差。单位河长的河床落差称为河道纵比降，通常以千分数或小数表示。当河段的河底高程线近似为直线时，河道纵比降可按下式计算：

$$J = \frac{z_\text{上} - z_\text{下}}{L} = \frac{\Delta z}{L} \qquad (2\text{-}3)$$

式中　J——河段的河道纵比降，‰；

　　　$z_\text{上}$、$z_\text{下}$——河段上、下断面河底高程，m；

　　　L——河段的长度，m。

单位河长的水面高程差称为水面纵比降。若式（2-3）中 $z_\text{上}$、$z_\text{下}$ 分别为河段上、下断面的水面高程（水位），利用式（2-3）可计算水面纵比降。

式（2-3）适用于河段的河底高程近似直线变化，当河段的河底高程呈折线或曲线变化时，须采用面积包围法计算河道的平均纵比降，具体方法可查阅有关书籍。

（三）河流的一般特性

1. 山区河流的一般特性

山区河流（或河段，下同）流经地势高峻、地形复杂的山区，河流的河谷是在长期历史过程中，由于水流不断纵向下切和横向拓宽而形成的。河谷断面常为深而窄的单式断面，多呈"V"形或"U"形。谷底与谷坡之间常无明显的界线。中水河槽与洪水河槽之间也无明显的分界线。山区河流河道纵比降较大，形态也不规则。河流平面形态极为复杂，急弯卡口很多，两岸和河心常有巨石突出，岸线很不规则。山区河流河底由岩石组成，除突然而强烈的外界因素（地震、山崩、大滑坡等）外，水流侵蚀作用比较缓慢，河道基本上是稳定的。

2. 平原河流的一般特性

平原河流流经土质疏松、地势平坦的地区，其形成过程主要表现为水流的堆积作用，河谷中形成深厚的冲积层，河口淤积成广阔的三角洲。

平原河流的显著特点之一是存在着河漫滩，横断面形态常见宽而浅的复式断面［见图 2-2（b）］。河床常处于不稳定状态。平原河流纵断面多呈有起伏的平缓曲线，平均河道纵比降比较小。由于纵比降比较小，河槽宽广，流速也较小。

平原河流的平面形态，因各种外在条件不同，可分为顺直型、弯曲型、蜿蜒曲折型、分汊型、游荡型河段等。以下重点介绍弯曲型河段河槽形态和水流特征。

如图 2-4 所示为弯曲河段河槽形态与断面环流示意图，这种弯曲型或微弯型平面形态是平原河道常见的形态。凹岸是指弯曲河段的外弧岸线；凸岸是指弯曲河段的内弧岸线。

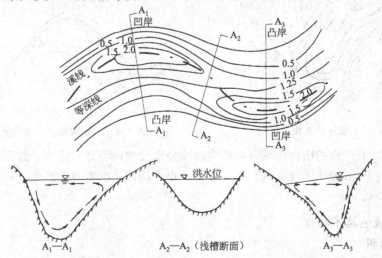

图 2-4　弯曲河段河槽形态与断面环流示意图

流经弯道的水流受边界的约束，在流动过程中不断改变方向，水流除受重力作用外，还受离心力的作用，离心力的方向指向凹岸。水流具有自由表面，受离心力的作用和凹岸边界的约束，会使凹岸水面高于凸岸水面，在弯道的横断面上形成横向水面比降，并且使水流除了纵向流动外，还产生横向流动，表层水流由凸岸流向凹岸，而近河底处由凹岸流向凸岸，这种现象称为横断面环流，也称为水内环流、横向环流。如图 2-4 中的 A_1—A_1 断面和 A_3—A_3 断面所示。

弯道水流的纵向流动和横向流动合成在一起就构成了河槽中水流的螺旋流动。弯道水流往往使凹岸发生冲刷，形成深槽；凸岸发生淤积，形成浅滩。在河道上修建取水构筑物，常常利用弯道水流的特性，将取水口的位置设在凹岸，既可以防止主流脱离取水口，又能够防止底沙进入取水构筑物，进而减少淤积。因此，掌握弯曲河段的断面和水流特性具有重要的实际意义。

二、流域及其特征

（一）流域、分水线

河流某一断面以上汇集地表水和地下水的区域称为河流在该断面的流域。当不指明断面时，流域是对河口断面而言的。流域的界限称为分水线，也称为分水岭。由于河流是汇集并排泄地表水和地下水的通道，因此分水线有地面与地下之分。流域的地面分水线，即是山脊的连线或四周最高点的连线。如图 2-5 所示为流域分水线示意图。如秦岭是长江与黄河的分水岭，降落在分水岭两侧的雨水将分别流入两条河流，其岭脊线便是这两大流域的分水线。在平原地区，分水线可能是河堤或者湖堤等，例如黄河下游大堤，便是海河流域与淮河流域的分水岭。由于地下分水线较难确定，在实际工作中，常以地面分水线作为流域的分水线。

当地面分水线与地下分水线完全重合时，该流域称为闭合流域，否则称为非闭合流域。非闭合流域在相邻流域间有水量交换。如图 2-6 所示为地面与地下分水线示意图。

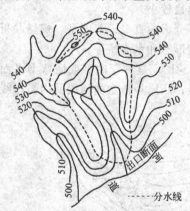

图 2-5　流域分水线示意图

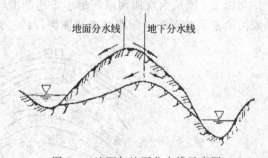

图 2-6　地面与地下分水线示意图

实际中很少有严格的闭合流域，只要当地面分水线和地下分水线不一致所引起的水量误差相对不大时，一般可按闭合流域对待。通常工程上认为，除岩溶地区外，一般大中流域可看成是闭合流域。

（二）流域的基本特征

1. 流域面积

流域面积是指河流某一横断面以上，由分水线所包围的面积，以 km^2 计。若不强调断面，则是指河口断面以上的面积。一般可在适当比例尺的地形图上先勾绘出流域分水线，然后用求积仪或数方格的方法量出其面积，当然在数字化地形图上也可以用有关专业软件量计。

2. 流域的自然地理特征

包括流域的地理位置、气候条件、地形特征、地质构造、土壤性质、植被、湖泊、沼泽等。

（1）地理位置。主要指流域所处的经纬度以及距离海洋的远近。一般是低纬度和近海地区降水多，高纬度地区和内陆地区降水少。

（2）气候条件。主要包括降水、蒸发、温度、风等。其中对径流影响最大的是降水和蒸发。

（3）地形特征。流域的地形可分为高山、高原、丘陵、盆地和平原等，同一地理区，不同的地形特征将对降雨径流产生不同的影响。

（4）地质与土壤特性。流域地质构造、岩石和土壤的类型以及水理性质等都将对降水径流产生影响，同时也影响到流域的水土流失和河流泥沙。

（5）植被覆盖。流域内植被可以增大地面糙率，延长地面径流的汇流时间，同时加大下渗量，从而使地下径流增多，洪水过程变得平缓。另外植被还能阻抗水土流失，减少河流泥沙含量，涵养水源；大面积的植被还可以调节流域小气候，改善生态环境等。植被的覆盖程度一般用植被率表示，即植被面积与流域面积之比。

（6）湖泊、沼泽、塘库。流域内的大面积水体对河川径流起调节作用，使其在时间上的变化趋于均匀；还能增大水面蒸发量，增强局部小循环，改善流域小气候。通常用湖沼率表示流域内水面面积的多少，湖沼率为湖沼塘库的水面面积与流域面积之比。

上述流域的各种特征因素，除气候因素外，都反映了流域的物理性质，它们承受降水并形成径流，直接影响河川径流的数量和变化，所以习惯称之为流域下垫面因素。当然，人类活动对流域的下垫面影响也越来越大，如人类在改造自然的活动中修建了不少水库、塘堰、梯田，以及植树造林、城市化等，明显地改变了流域的下垫面条件，因而使河川径流发生变化，影响到水量与水质。在人类活动的影响中也有不利的一面，如造成水土流失、水质污染以及河流断流等。

第三节　降水与径流及其表示方法

一、降水

降水是水循环的一个重要环节，也是陆地水资源的主要补给来源，因此降水是最为重要的水文因素。降水是指空中的水汽凝结后以液态或固态形式降落到地面的各种水分的总称。通常表现为雨、雪、雹、霜、露等，其中最主要的形式是雨和雪。我国绝大部分地区影响河流水情变化的是降雨。因此这里重点介绍降雨的基本要素、等级划分、流域平均降雨量的计算。

（一）降雨的基本要素

（1）降雨量。指一定时段内降落在不透水平面上的雨水深度，用 mm 表示，计至 0.1mm。在标明降雨量时一定要指明时段，常用的降雨时段有分、时、日、月、年等。相应的雨量称为时段雨量、日雨量、月雨量、年雨量。

（2）降雨历时。指一次降雨从开始到结束所经历的时间，包括降雨过程中短暂间歇在内，常以 h 或 d 计。另外，对某一次降雨而言，为了比较各地的降雨量大小，常常指定某一时段的降雨量作为标准，这种根据需要人为划定的时段，称为降雨时段。例如，最大 1h 降雨量、6h 降雨量、24h 降雨量等，这里的 1h、6h、24h 均为降雨时段。在降雨时段内，降雨并不一定连续。

（3）降雨强度。指单位时间内的降雨量，以 mm/min 或 mm/h 计。

（4）暴雨中心。暴雨量较大而范围较小的局部地点。

（二）降雨的分级

我国气象部门按照 1h 或 24h 的降雨量将降雨分级为：

小雨：是指 1h 的雨量≤2.5mm，或 24h 的雨量<10mm。

中雨：是指 1h 的雨量为 2.6~8.0mm，或 24h 的雨量为 10.0~24.9mm。

大雨：是指 1h 的雨量为 8.1~15.9mm，或 24h 的雨量为 25.0~49.9mm。

暴雨：是指 1h 的雨量≥16mm，或 24h 的雨量≥50mm。

（三）面降雨量的计算方法

雨量站测得的雨量为某一地点的降雨量，称为点雨量。面雨量，是指某一时段一定区域（行政区域或流域）面积上的平均雨量，记 H_F。

1. 算术平均法

当区域内地形变化不大，且雨量站数目较多、分布均匀时，可根据各站同一时段内的降雨量用算术平均法计算区域平均降雨量，其计算公式为：

$$H_F = \frac{H_1 + H_2 + \cdots + H_n}{n} = \frac{1}{n}\sum_{i=1}^{n} H_i \tag{2-4}$$

式中　H_F——区域平均降雨量，mm；

　　　H_i——区域内各雨量站雨量（$i=1, 2, \cdots, n$），mm；

　　　n——雨量站数目。

2. 泰森多边形法

此法又称面积加权平均法或垂直平分法。具体做法是：首先将区域内及其区域外邻近的雨量站就近连成三角形（尽可能连成锐角三角形），构成三角网，再分别作各三角形三条边的垂直平分线，而这些垂直平分线相连组成若干个不规则的多边形（见图 2-7）。每个多边形内都有一个雨量站，称为该多边形的代表站，该站的雨量 H_i 就是本多边形面积 f_i 上的代表雨量，则区域平均降雨量计算公式为：

$$H_F = \frac{H_1 f_1 + H_2 f_2 + \cdots + H_n f_n}{F} = \frac{1}{F}\sum_{i=1}^{n} H_i f_i = \sum_{i=1}^{n} A_i H_i \tag{2-5}$$

式中　f_i——区域内各多边形的面积（$i=1, 2, \cdots, n$），km²；

　　　F——区域面积，km²；

　　　A_i——各雨量站的面积权重系数，即 $A_i = f_i/F$，$\sum_{i=1}^{n} A_i = 1.0$。

3. 等雨量线法

如果降雨在地区上或区域上分布很不均匀，地形起伏大，则宜用等雨量线法计算面雨量。等雨量线法也属于以面积作权重的一种加权平均方法。具体做法为：先根据区域上各雨量站的雨量资料绘制等雨量线图，并将第 i 条等雨量线的雨量，记 H_i（见图 2-8），并量计出区域内各相邻两条等雨量线间的面积 f_i，则区域平均降雨量计算式为：

$$H_F = \frac{1}{F} \sum_{i=1}^{n} \frac{1}{2}(H_i + H_{i+1}) f_i = \frac{1}{F} \sum_{i=1}^{n} \overline{H}_i f_i \qquad (2\text{-}6)$$

式中 f_i ——流域内相邻两条等雨量线间的面积，km^2；

       $\overline{H}_i$ ——相邻两条等雨量线间的平均雨量，mm；

       n ——流域内相邻两条等雨量线间面积的数目；

       F ——区域面积，km^2。

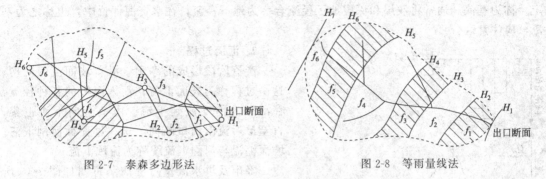

图 2-7 泰森多边形法   图 2-8 等雨量线法

二、径流

径流泛指江河等水体中的水流。分别来源于流域地面和地下，相应地称为地面径流和地下径流。主要分为融雪径流、降雨径流。总体而言，我国大部分地区的河流是以雨水补给为主的降雨径流，即是指降落到流域表面的降雨，经地面和地下流入河槽，最终汇集到流域出口断面的水流。本节主要介绍降雨径流。

（一）降雨径流的形成过程

从降雨开始到径流流出流域出口断面的整个物理过程称为径流的形成过程。如图 2-9 所示为径流形成过程示意图。

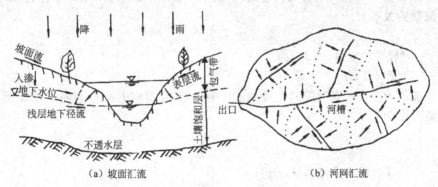

（a）坡面汇流   （b）河网汇流

图 2-9 径流形成过程示意图

降雨径流的形成过程是一个极其复杂的物理过程。但人们为了研究方便，通常将其概括为产流和汇流两个过程。

1. 产流过程

一次降雨不能流到出口断面的水量，称为损失量。损失量包括植物截留、填洼、蒸散发和土壤包气带的缺水量（指田间持水量以下的水量）。产流指降雨扣除损失后产生径流的现象，而产流过程即是降雨扣除损失，产生径流的过程。扣除损失后的降雨量称为净雨量。当降雨强度大于下渗强度时，形成超渗雨，并在重力作用下沿坡面流动并注入河槽，这部分径流称为坡面流或地面流，记 R_1。渗入土壤中的水分，当土壤中存在相对不透水层的界面，下渗水量则沿该界面上流动，最后注入河槽，这部分径流称为表层流（或壤中流），记 R_2。通常将表层流与坡面流合在一起，统称为地面径流或地表径流，记 R_s。若降雨延续时间较长，当土壤含水量达田间持水量后，下渗的水量到达地下水面，并经过地下水的调蓄缓缓渗入河槽，以地下水的形式补给河流，称浅层地下径流，记 R_3。另外，在流出流域出口断面的径流当中，还有非本次降雨形成的深层地下径流，记 R_4，它比浅层地下径流更小，更稳定，称为基流。通常将浅层和深层地下径流合称为地下径流，在水资源评价中，也称之为基流，应注意区分。

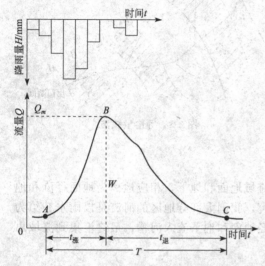

图 2-10　降雨及洪水流量过程线示意图

2. 汇流过程

产流阶段形成的净雨，沿着坡面流入河槽，这一过程称为坡面汇流；汇入河槽的各种径流，在河网内由支流到干流、由上游向下游汇集，直至最后流出出口断面，这一过程称河网汇流。坡面汇流与河网汇流统称为流域汇流。

降雨及洪水流量过程线示意图如图 2-10 所示，B 点的流量称为该次洪水的洪峰流量，其相应水位称为洪峰水位。按照洪水过程线的形状不同，可将其分为单峰洪水（见图 2-10）和复式峰洪水。

（二）径流量的表示方法及度量单位

径流分析计算中，常用的径流量表示方法和度量单位有下列几种。

(1) 流量 Q：指单位时间内通过河流某一过水断面的水量，常用单位为 m^3/s。

(2) 径流总量 W：指一定时段内通过河流某一过水断面的总水量，单位为 m^3。径流总量与平均流量的关系为

$$W = \overline{Q}T \tag{2-7}$$

式中　$\overline{Q}$——时段平均流量，m^3/s；

　　　T——计算时段，s。

(3) 径流深 R：指一定时段的径流总量平铺在流域面积上所得到的水层深度，以 mm 计，其计算公式为

$$R = \frac{W}{1000F} \tag{2-8}$$

式中　W——计算时段的径流总量，m^3；

　　　F——河流某断面以上的流域集水面积，km^2；

　　　1000——单位换算系数。

(4) 径流模数 M：指单位流域面积上所产生的流量，常用单位为 $m^3/(s \cdot km^2)$ 或 $L/(s \cdot km^2)$。当采用 $m^3/(s \cdot km^2)$ 单位时，其计算公式为

$$M = \frac{Q}{F} \tag{2-9}$$

若式（2-9）中 Q 为年平均流量，相应的径流模数称为年径流量模数。

(5) 径流系数 α：指流域某时段内的径流深与形成这一径流深的流域平均降水量的比值，无因次。即

$$\alpha = \frac{R}{H} \tag{2-10}$$

一次暴雨的径流深与形成该径流深的流域平均降水量之比，称为暴雨径流系数，它是城镇排水计算中所需的重要数据，我国某些城市各种地面种类综合的暴雨径流系数见表 2-1。

表 2-1　我国某些城市各种地面种类综合的暴雨径流系数

城市	综合径流系数	城市	综合径流系数
北京	0.50～0.70	扬州	0.50～0.80
上海	0.50～0.80	宜昌	0.65～0.80
天津	0.45～0.60	南宁	0.50～0.75
乌兰浩特	0.50	柳州	0.40～0.80
南京	0.50～0.70	深圳	旧城区：0.70～0.80 新城区：0.60～0.70
杭州	0.60～0.80		

【案例 2-1】 已知某小流域集水面积 $F = 130\text{km}^2$，流域多年平均年降水量 $\overline{H} = 815\text{mm}$，多年平均年径流深 $\overline{R} = 525\text{mm}$。求该流域多年平均年径流总量 $\overline{W}$、多年平均流量 $\overline{Q}$、多年平均年径流模数 $\overline{M}$ 以及多年平均年径流系数 $\overline{\alpha}$（一年的时间为 $T = 31.536 \times 10^6\text{s}$）。

解：直接代入公式计算：

$$\overline{W} = 1000\overline{R}F = 1000 \times 525 \times 130 = 6.825 \times 10^7\text{m}^3$$

$$\overline{Q} = \frac{\overline{W}}{T} = \frac{6.825 \times 10^7}{31.536 \times 10^6} = 2.16\text{m}^3/\text{s}$$

$$\overline{M} = \frac{\overline{Q}}{F} = \frac{2.16}{130} = 0.0166\text{m}^3/(\text{s} \cdot \text{km}^2) = 16.6\text{L}/(\text{s} \cdot \text{km}^2)$$

$$\overline{\alpha} = \frac{\overline{R}}{\overline{H}} = \frac{525}{815} = 0.64$$

（三）年径流的年内与年际变化特性

在一个年度内，通过河流某一断面的水量，称为该断面以上流域的年径流量。它可用年平均流量（m^3/s）、年径流深（mm）、年径流总量（m^3）或年径流量模数 [$\text{m}^3/(\text{s} \cdot \text{km}^2)$] 表示。描述河流某一断面的水资源量多少，年径流量是一个重要的指标。由于径流在一年内各个时段是不同的，处在不断变化之中。因此实际工作中描述河流某一断面的年径流，常用年径流量及其年内分配过程表示。所谓年径流的年内分配是指年径流量在一年中各个月（或旬）的分配过程，可用月份与径流量数据建立的关系表或绘制直方图来表示年径流的年内变化特性。

通过对年径流观测资料的分析，可得出年径流具有以下特性。

（1）年径流量的多年平均值，即多年平均年径流量，是一个比较稳定的数值，反映河川径流蕴藏量的多少。

（2）年径流具有大致以年为周期的汛期与枯季交替变化的规律，但各年汛、枯季有长有短，发生时间有迟有早，水量也有大有小，基本上年年不同，具有偶然性质。我国多数河流汛期的径流量占全年总径流量的 70%～80%。

（3）年径流量在年际间变化很大，有些河流年径流量的最大值可达到平均值的 2～3 倍，最小值仅为平均值的 1/10～1/5。年径流量的最大值与最小值之比，长江、珠江为 4～5；黄河、海河为 14～16。

（4）年径流量在多年变化中有丰水年组和枯水年组交替出现的现象。例如黄河1991～1997年连续7年出现断流。

（四）反映径流特性的水文特征值

水文特征值是指反映水文要素变化特征的数据。常用的水文特征值，主要有径流量（或水位）的年最大值、年最小值、年平均值等。例如，城镇防洪堤、地表水取水构筑物的防洪、桥梁等工程，需知年最大流量、年最高水位的变化规律；地表水取水构筑物的取水，需知年最枯流量、年最枯水位的变化规律；开发利用水资源，需知年平均流量的变化规律；等等。

水资源与取水工程

第四节　水文观测

水文资料是取水构筑物设计、施工、运行管理的重要资料。在河流的一定地点按一定要求建立长期观测水文要素的测站（称为水文站），并按要求进行水文要素的观测工作，称为水文测验。本节重点介绍河流水位、流量的观测与资料整理。

一、水位观测

水位是河流最基本的水文要素，水位资料是修建水利工程、取水工程、桥梁工程等不可或缺的水文资料，也是防汛、抗旱、建于江河等水体上的工程管理所必需的基本资料。

水位是指河流、湖泊、水库、海洋等水体的自由水面相对于某一基面的高程，单位为m。全国目前统一采用黄海基面。但由于历史原因，各流域各站在历史上曾采用过不同基面，如大沽基面、吴淞基面、珠江基面等，也有测站采用假定基面。因此，在使用水位资料时一定要注意基面的订正。

观测水位的设备常用水尺和自记水位计两种类型。水尺的型式有直立式、倾斜式、矮桩式和悬锤式等。最常用的水尺是直立式水尺，安置在岸边。若水位变化较大时，应设立一组水尺。如图2-11所示为直立式水尺分段设立示意图。水尺零点与基面的垂直距离，称为水尺零点高程，预先可测量出来。每次观读水尺读数后，便可计算水位，即

$$水位 = 水尺零点高程 + 水尺读数 \qquad (2-11)$$

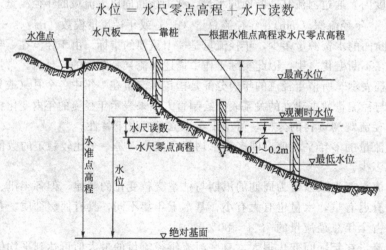

图2-11　直立式水尺分段设立示意图

精度一般记至0.01m。水位观测的时间和次数，以能测得完整的水位变化过程为原则。

当水位变化缓慢时，每日只需于 8 时和 20 时观测两次，若水位变化急剧，则要按规范要求适时增加测次，以测得洪峰水位及涨落变化过程。

自记水位计能将水位变化全部过程自动记录下来。自记水位计一般由感应、传感和记录三部分组成，按感应不同可划分为浮子式水位计、压力式水位计、超声波式水位计等。目前有些水文站使用更先进的水位遥测计，不但能自记水位，还能把水位数据或图像远传至室内。

根据水位观测资料，可计算出逐日平均水位、月平均水位、年平均水位，连同年月最高、最低水位及洪水水位摘录值，刊布于水文年鉴或水文数据库中，供有关部门使用。

二、流量测算与水位流量关系

（一）流量测算

由水力学可知，流量等于断面平均流速与过水断面面积的乘积。天然河流因受边界条件影响，断面内的流速分布很不均匀，流速随水平及垂直方向位置的不同而变化，因此流量测算采用由部分到整体的思路，可用垂线将水流断面分成若干部分，进而测算部分平均流速 $\bar{v}_i$ 和部分面积 a_i，两者的乘积即为通过该部分面积上的流量 q_i，然后累计求得全断面的流量 $Q = \sum q_i$。

采用流速面积法进行流量测算的工作包括断面测量、流速测量、流量计算三部分。

断面测量是在测流断面上布置若干条测深垂线，施测各垂线的水深，以及各垂线相对于岸边某一固定点的水平距离，称为起点距。根据水深、起点距则可绘出过水断面图，并可计算相邻垂线之间的各部分面积 a_i 以及过水断面面积 A。

天然河道的流速测量通常采用流速仪法。如图 2-12、图 2-13 所示分别是旋杯式流速仪和旋桨式流速仪。旋杯或旋桨受水流冲击而旋转，流速越大，转速越快。由于水流任意一点流速具有脉动现象，用流速仪测量某点流速是指测点时均流速。

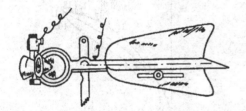
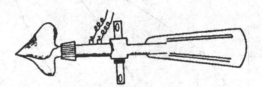

图 2-12　旋杯式流速仪　　　　　　　　图 2-13　旋桨式流速仪

流速 v 与平均每秒转数 n 的关系，可由下式表示：

$$v = kn + c \tag{2-12}$$

式中　v——测点流速，m/s；

　　k、c——为仪器常数，可通过对仪器检定确定；

　　　n——仪器转速，$n = N/T$，其中 N 为转子的总转数，T 为测速总历时（s），一般不少于 100s。

用流速仪测流速，首先要依据《河流流量测验规范》合理布置垂线数目及垂线上测点数，然后实测垂线上的各点流速。根据垂线上的各点流速，计算垂线平均流速和相邻垂线间的部分平均流速 $\bar{v}_i$。

根据各部分面积 a_i 及其相应的部分平均流速 $\bar{v}_i$，则可计算部分面积上的流量 $q_i = a_i \bar{v}_i$，然后累计求和得全断面的流量，即

$$Q = \sum_{i=1}^{n} a_i \bar{v}_i \tag{2-13}$$

式中 n——部分断面的个数。

此外，根据观测流量期间观测的若干个水位值，计算平均水位，称为该流量的相应水位。

（二）水位流量关系

目前，水位观测比较容易，水位随时间的变化过程易于获得，而流量的测算相对要复杂得多，人力物力消耗大且费时，因此单靠实测流量不可能获得流量随时间变化过程的系统资料。因此，现行的做法是根据每年一定次数的实测流量成果，建立实测流量与其相应水位之间的关系，通过该关系把实测的水位过程转化为流量过程，从而获得系统的流量资料，供防汛抗旱、水利工程与取水工程规划设计和管理以及国民经济各个部门使用。水位流量关系按其影响因素不同，分为稳定的和不稳定的两类。

1. 稳定的水位流量关系

稳定的水位流量关系指实测流量与相应水位的关系为单值关系。将实测流量与相应水位关系值点绘在方格纸上，点子密集呈带状分布，则通过点群中心可以定出单一的水位流量关系曲线，如图 2-14 所示。为了提高定线精度，通常同时在水位流量关系图上绘出水位面积、水位流速关系曲线，由于同一水位条件下，流量应为断面面积与断面平均流速的乘积，因此借助它们可以使水位流量关系曲线定线合理。

2. 不稳定的水位流量关系

天然河道中，洪水涨落、断面冲淤、回水以及结冰和生长水草等，都会影响水位流量关系的稳定性，通常表现为同一水位在不同的时候对应不同的流量，水位流量关系图点群分布散乱，无法定出单一曲线。例如，当受洪水涨落影响时，涨水时水面比降大，流速增大，同水位的流量比稳定时也增大，点子偏向稳定曲线的右方；落水时，则相反。一次洪水按涨落过程分别定线，水位流量关系曲线表现为绳套形曲线，如图 2-15 所示。

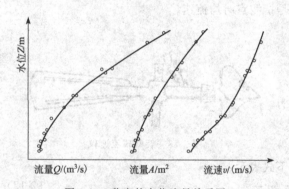

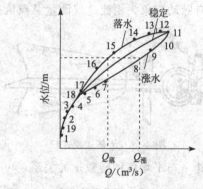

图 2-14　稳定的水位流量关系图　　　　图 2-15　受洪水涨落影响的水位流量关系图

不稳定的水位流量关系的定线方法，以及当水位流量关系的实测范围不够用时，其高、低水延长方法，可参阅其他书籍。

三、泥沙的常用术语与测算

河流泥沙，也称固体径流。河水挟带泥沙数量的多少和泥沙颗粒的大小，与给水工程有密切关系。例如，从多泥沙河流中取水的水质处理，防止取水构筑物进水口的淤积，山区河流上修建低坝引水时的取水防沙等，都需要河流泥沙资料。

（一）泥沙的常用术语与计量方法

河流中的泥沙，按其运动方式可分为悬移质、推移质和河床质三类。悬移质指受水流的紊动作用悬浮于水中并随水流移动的泥沙；推移质指受水流拖曳力作用沿河床滚动、滑动、跳跃或层移的泥沙；河床质是指受水流的作用而处于相对静止状态的泥沙。随着水流条件不同，如水流流速、水深、比降等水力因素变化，它们之间是可以相互转化的。水流挟沙能力增大时，原为推移质甚至河床质的泥沙颗粒，可能从河底掀起而成为悬移质；反之，悬移质亦可能成为推移质甚至河床质。

河流泥沙常用术语与计量方法有：

1. 含沙量

单位体积浑水中所含干沙的质量，用 ρ 表示，以 kg/m^3 计。

2. 输沙率

单位时间内通过河流某一过水断面的干沙质量，用 Q_s 表示，以 kg/s 或 t/s 计。若用 Q 表示断面流量，以 m^3/s 计，则有

$$Q_s = \rho Q \tag{2-14}$$

3. 输沙量

某一时段内通过某一过水断面的干沙质量，用 W_s 表示，以 kg 或 t 计。若时段为 T 以 s 计；W_s 以 kg 计，则

$$W_s = Q_s T \tag{2-15}$$

4. 侵蚀模数

单位面积上的输沙量，用 M_s 表示，以 t/km^2 计。若 W_s 以 t 计，F 为计算输沙量的流域或区域面积，以 km^2 计，则

$$M_s = \frac{W_s}{F} \tag{2-16}$$

（二）泥沙测验

泥沙测验分悬移质输沙率和推移质输沙率测验两种。

悬移质含沙量的测算方法是：先在河流断面某点采集含有泥沙的水样（采样工作一般都与流量测验同时进行），经过量积、沉淀、过滤、烘干、称重等环节，求出一定体积浑水中的干沙质量，从而计算出该测点的含沙量。

由于天然河流过水断面上各点的含沙量并不一致，要测得断面输沙率，也需要采用与测算流量相似的方法。首先布设垂线与测点、观测测点含沙量，然后求出垂线平均含沙量 ρ_m 及部分断面平均含沙量 $\bar{\rho_i}$，并利用测速时所算得的部分流量 q_i，则部分平均含沙量 $\bar{\rho_i}$ 与部分流量 q_i 相乘得部分输沙率；各部分输沙率之和等于断面输沙率，即

$$Q_s = \sum_{i=1}^{n} \bar{\rho_i} q_i \tag{2-17}$$

式中　n——部分断面的个数。

推移质泥沙测验，是利用推移质采样器，沿河宽方向测得各垂线底部的推移质泥沙，以求得各测沙垂线处单位宽度内的输沙率，从而计算出整个断面的推移质输沙率。其测验工作尽可能与流量测验、悬移质输沙率测验同时进行，以便于资料的整理与分析。

第五节　设计标准与设计水文特征值的推求

一、水文现象的随机性与统计规律

必然现象和随机现象是自然界中普遍存在的两类现象。在一定条件下，必然出现某种结

果的现象称为必然现象；在一定条件下，试验有多种可能结果，预先不能确知出现哪种结果，这类现象称为随机现象。

水文现象受众多因素的综合影响，其变化规律相当复杂，具有必然性和随机性双重特性。例如，流域上发生大暴雨后，河流水位必然上涨，这是必然性的体现。由于水文现象在其发生、发展和演变过程中，受气候、下垫面等方面的影响，使水文特征值和水文过程在时间上和空间上千差万别，在实测之前不能预知其确切的结果，这就是随机性的体现。例如，河流某一断面明年的年径流量多大？显然具有随机性，无法确切回答。

对于随机现象，一次试验的结果是随机的，但随机现象并非无章可循。例如，河流某一断面年径流量的数值，由长期观测资料可知：其多年平均值是比较稳定的，并且特大或特小数值的年径流量出现的年份较少，而中等数值的年径流量出现的年份较多。这种在相同的条件下，大量重复试验中随机现象所遵循的内在规律称为统计规律。

二、水文统计及其主要任务

应用概率论与数理统计的原理和方法，研究水文变量随机规律及其应用的技术，则称为水文统计。

水文统计的主要任务是研究和分析水文现象的统计特性，推求水文特征值的统计规律，从而得出工程所需要的设计水文数据，以满足工程规划、设计、施工以及运用期间的需要。

本节学习水文统计的基本知识、频率计算和相关分析。其中频率计算的实质就是推求水文特征值的统计规律，进而推求设计的水文特征值。

三、概率与频率

随机事件简称事件，是指随机试验的结果。常用大写英文字母 A，B…表示。例如，对河流某断面年最大洪峰流量的数值进行观察，发生的结果可以是其可能取值范围内的任一数值，比如可用事件 A 表示"年最大洪峰流量大于 $1000\mathrm{m^3/s}$"；又如，掷硬币观察正反面向上的情况，可用事件 A 表示"正面向上"。

一次试验中，必然发生的结果称为必然事件；不可能发生的结果称为不可能事件。必然事件和不可能事件不是随机事件，但为了研究方便，通常将他们看成特殊的随机事件。

在一定条件下，随机试验中各事件发生的可能性不同。描述事件发生的可能性大小的数量指标，称为事件的概率。

简单的随机试验，具有以下两个特征：① 试验的每种可能结果都是等可能的；② 试验的所有可能结果总数是有限的。对于这种随机试验称为古典概型。

古典概型中，事件的概率可由下式计算：

$$P(A) = \frac{K}{n} \tag{2-18}$$

式中 $P(A)$——在一定的条件下，事件 A 发生的概率；

K——事件 A 所包含的可能结果数；

n——试验的所有可能结果总数。

显然，必然事件的概率等于 1，不可能事件的概率等于 0，因此必有 $0 \leqslant P(A) \leqslant 1$。

许多水文事件一般不能归结为古典概型的事件。例如，A 表示"某站年降水量大于等于 $600\mathrm{mm}$"，显然，试验不符合古典概型，无法直接计算概率 $P(A)$。为此，引出频率这一重要概念。

设事件 A 在 n 次试验中出现了 m 次，则称

$$W(A) = \frac{m}{n} \qquad (2-19)$$

为事件 A 在 n 次试验中出现的频率。

当试验次数不大时，事件的频率很不稳定。但当试验次数充分大时，某一事件 A 的频率趋于稳定值，该稳定值即为 A 发生的概率。这一结论，不但由大量的试验和人类实践活动所证明，而且在概率论理论中由贝努里大数定律给予了严格的证明。

综上所述，频率与概率既有区别，又有联系。概率是反映事件发生可能性大小的理论值，是客观存在的；频率是反映事件发生可能性大小的试验值，当试验次数不大时，具有不确定性。但当试验次数充分大时，频率趋于稳定值概率，正是这种必然的联系，给解决实际问题带来了很大的方便，当试验不符合古典概型时，可通过试验推求事件的频率作为概率的近似值，且要求试验次数充分大。后续内容中概率与频率的符号均采用 P，请读者从具体含义上加以区分。

四、累计频率与重现期

一般的，设某一水文特征值为 X，其取值记为 x，工程实际中，不仅关心 X 取某一值 x 的概率（或频率），更关心事件 $X \geqslant x$ 的概率，记 $P(X \geqslant x)$，称为超过累计概率（或频率），工程中也简称频率。

反映事件发生的可能性大小除采用概率、频率外，还常采用重现期这一术语。

例如，掷一枚硬币，试验 10000 次，正面出现了 4990 次，频率 $W(A) \approx 1/2$。在多次重复试验中，正面向上这一事件出现一次的平均间隔次数为 2 次，此值即为正面向上这一事件的重现期。可见频率与重现期互为倒数关系。

工程实际中，年最大洪峰流量、年径流量、年降水量等均每年统计一个值，因此重现期是指在很长时间内，某一随机事件出现一次的平均间隔年数，即多少年一遇。记为 T，单位为年。

设水文变量 X，$P(X \geqslant x_p) = P$，根据频率确定重现期，分以下两种情况。

（1）当研究洪水、暴雨或丰水问题时，设计频率 $P < 50\%$，关心事件 $X \geqslant x_p$ 的重现期，则

$$T = \frac{1}{P} \qquad (2-20)$$

例如，当洪水的频率采用 $P = 1\%$ 时，重现期 $T = 100$ 年，则称此洪水为百年一遇的洪水。

（2）当研究枯水问题时，设计频率 $P \geqslant 50\%$，关心事件 $X < x_p$ 的重现期，则

$$T = \frac{1}{1 - P} \qquad (2-21)$$

例如，对于 $P = 90\%$ 的年降水量，其重现期 $T = 10$ 年，则称它为十年一遇的枯水年年降水量。

必须指出，重现期绝非指固定的周期。所谓"百年一遇"的洪水是指大于或等于这样的洪水在很长时间内平均 100 年发生一次，而不能理解为恰好每个 100 年遇上一次。对于某个具体的 100 年来说，大于或等于这样大的洪水可能出现几次，也可能一次都不出现。

五、设计频率标准

在河流上修建的各种工程，如水库、水泵站、铁路公路桥、取水构筑物等，一旦建成不可避免地要受到洪水的威胁。由于洪水具有随机性，这些工程以能防御多大的洪水作为确定工程规模的设计依据？又如，为满足兴利用水修建的取水构筑物、取水泵站，供水保证程度

多大？这些问题就是设计标准问题。

防洪设计标准，是指根据防洪保护对象的重要性和经济合理性，由国家制定的防御不同等级洪水的标准，通常也简称防洪标准。防洪标准反映了铁路公路桥、取水构筑物等工程抵御洪水的能力。通常以洪水相应的重现期或频率来表示防洪标准。表2-2列出了有关工程的防洪设计标准示例。

兴利用水设计标准指工程在多年期间，供水工程能满足用户用水要求的程度，也称为设计保证率。《室外给水设计规范》（GB 50013—2006）中指出，设计枯水流量保证率90%～97%；设计枯水水位保证率90%～99%。

雨水管渠的雨水排除设计标准指排水工程能够及时排除雨水的能力，用降雨的重现期来反映。例如，《室外排水设计规范》（GB 50014—2006，2014年版）中规定，中等城市和小城市的中心城区，雨水排除的设计重现期为2～3年一遇。

表 2-2 有关工程防洪设计标准示例

工程类别		重现期		规范名称及代号
		设计	校核	
地表水取水构筑物的防洪标准		不得低于 100 年		《室外给水设计规范》 （GB 50013—2006）
公路桥涵的防洪标准	高速公路与一级公路上特大桥	300 年		《防洪标准》（GB 50201—2014）
	二级公路上特大桥、大桥、中桥	100 年		
	二级公路上小桥	50 年		
铁路桥涵的防洪标准	Ⅰ、Ⅱ级铁路桥梁	100 年	300 年	《防洪标准》（GB 50201—2014）
	Ⅰ、Ⅱ级铁路涵洞	100 年	300 年	

六、设计水文特征值的推求

当设计标准确定后，需推求设计频率相应的水文特征值，例如设计枯水位，作为取水工程的设计依据。这就需要推求水文特征值的统计规律，常用频率曲线来表示。在学习水文特征值的频率曲线的推求方法之前，先介绍总体与样本的概念。

（一）总体与样本

水文特征值的总体是指其所有可能取值的全体。从总体中随机抽取的一部分观测值称为样本。样本中所包含的项数称为样本容量。水文特征值的总体通常是无限的，它是指自古迄今以至未来长远岁月中的无限水文系列。显然，水文特征值的总体是未知的。因此，需用样本估计总体。

（二）经验频率曲线及其绘制

经验频率曲线，是指由实测样本资料绘制的频率曲线。

设某水文特征值 X 的样本系列共 n 项，由大到小递减排列为 x_1，x_2，…，x_m，…，x_n。根据频率的定义可得事件 $X \geqslant x_m$ 的经验频率为

$$P = P(X \geqslant x_m) = \frac{m}{n} \times 100\% \tag{2-22}$$

式中 P——大于或等于数值 x_m 的经验频率；

m——n 次观测中出现大于或等于 x_m 的次数，也即样本系列递减排列的序号；

n——样本容量。

如果 n 项实测资料本身就是总体，用式 (2-22) 计算经验频率并无不合理之处。但对于样本资料，当 $m=n$ 时，最末项 x_n 的频率为 $P=100\%$，这就意味着，样本之外不会出现比 x_n 更小的值，这显然不符合实际情况。因此，为克服这一缺点，我国常用下面的修正公式计算经验频率

$$P = P(X \geqslant x_m) = \frac{m}{n+1} \times 100\% \qquad (2\text{-}23)$$

式 (2-23) 称为数学期望公式。

推求水文特征值的经验频率曲线的步骤如下：

（1）将历年水文特征值样本资料从大到小排队，记 x_i，$i=1$，2，$\cdots$，n，并由式 (2-23) 计算经验频率，得经验频率点 (P_i, x_i)。

（2）点绘经验点 (P_i, x_i)，过点群中心定线，即得经验频率曲线如图 2-16，是根据案例 2-2 资料绘制的某站年最枯水位的经验频率曲线。

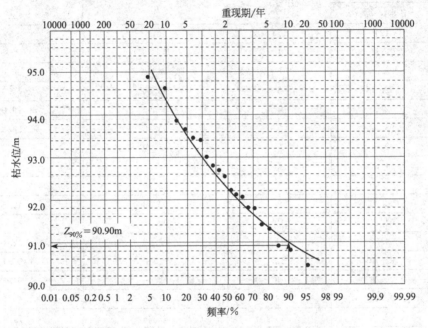

图 2-16　年枯水位的经验频率曲线

数理统计理论研究表明，样本容量 n 很大时，经验分布趋于总体分布。因此，经验频率曲线可作为总体分布的估计曲线。

（三）设计的水文特征值的推求

当得到了某一水文特征值的频率曲线后，即可根据设计频率标准 P，查出工程设计所需要的指定设计频率的水文特征值 x_p，该值即为设计的水文特征值。例如，若地表水取水构筑物设计枯水位的保证率 90%，根据年最枯水位的频率曲线，可确定频率 90% 的枯水位，该指定设计频率的枯水位，称为设计枯水位。同理，指定设计频率的河流年最高水位，称为河流的设计洪水位；指定设计频率的年降水量、年径流量，分别称为设计年降水量和设计年径流量，等等。

当实测样本系列不太长，经验频率曲线的范围往往不能满足设计需要，而且估外延缺乏准则，任意性太大，直接影响设计成果的正确性。为了解决外延问题，人们提出用数学模型来表示频率曲线，这就是所谓的理论频率曲线，我国理论频率曲线模型常采用皮尔逊Ⅲ型曲

线，并采用适线法用理论频率曲线来拟合经验频率点，有关这方面的内容可参考有关书籍。

【**案例 2-2**】 某河流某水文站历年枯水位 Z 资料，见表 2-3 某水文站年枯水位经验频率计算表第（1）、第（2）列，试用经验频率曲线法确定十年一遇的设计枯水位。

方法与步骤：

（1）将历年枯水位 Z 从大到小排队，并由式（2-23）计算经验频率，结果见表 2-3 第（3）列～第（5）列。

（2）根据表 2-3 第（4）栏与第（5）栏数据，在频率格纸上点绘经验点 (P_i, Z_i)，并过点群中心定线，即得经验频率曲线 Z-P，如图 2-16 所示。

（3）根据频率与重现期的关系，可求得十年一遇枯水年相应的频率为 90%。

（4）由 $P=90\%$，查图 2-16，得相应频率的枯水位为：$Z_{90\%}=90.90\text{m}$。

表 2-3　某水文站年枯水位经验频率计算表

资料		序号 m	降序排列 Z_i /m	$P=m/(n+1)$ /%
年份	枯水位 Z/m			
(1)	(2)	(3)	(4)	(5)
1979	90.80	1	94.88	4.8
1980	91.30	2	94.62	9.5
1981	92.10	3	93.86	14.3
1982	92.55	4	93.65	19.0
1983	93.00	5	93.45	23.8
1984	93.65	6	93.40	28.6
1985	91.80	7	93.00	33.3
1986	91.40	8	92.79	38.1
1987	92.20	9	92.68	42.9
1988	94.62	10	92.55	47.6
1989	94.88	11	92.20	52.4
1990	92.79	12	92.10	57.1
1991	90.89	13	92.06	61.9
1992	90.43	14	91.80	66.7
1993	92.68	15	91.78	71.4
1994	93.40	16	91.40	76.2
1995	91.78	17	91.30	81.0
1996	92.06	18	90.89	85.7
1997	93.45	19	90.80	90.5
1998	93.86	20	90.43	95.2

第六节　相关分析方法

一、概述

1. 相关关系的概念

在生产实际和科学研究工作中，经常要研究两个或两个以上随机变量之间的关系。以两个变量为例进行讨论。

（1）完全相关，即函数关系，对变量 x 的每一数值，变量 y 有确定的值与之对应。x 与 y 的关系点完全落在函数的图像上。

（2）零相关，也称没有关系，是指两变量 x 与 y 之间毫无联系或相互独立。这种关系 x 与 y 的关系点杂乱无章，如图 2-17 所示。

（3）相关关系，指两个变量 x 与 y 之间的关系介于完全相关和零相关之间，这种关系 x 与 y 的关系点呈带状分布趋势，如图 2-18 所示。

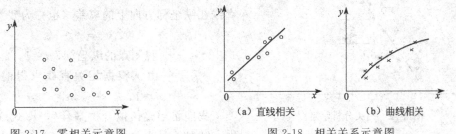

图 2-17　零相关示意图　　　　　图 2-18　相关关系示意图

例如，流域年径流深与年降水量之间的关系，就是相关关系。其特征是年径流深受年降水量影响，但又不由年降水量唯一确定。因为年径流深还受年蒸发量及下垫面等因素的影响。研究变量之间相关关系的工作称为相关分析，其实质是研究变量之间的近似关系。

2. 相关分析的主要内容与相关关系的分类

相关分析的应用范围较广，例如经验方程的选配、预测或插补延长水文特征值系列等。相关分析的主要内容有：建立相关方程；判断相关的密切程度；当密切程度较高时，由已知变量的值，估计待求变量的值；估计误差。

当只研究两个变量之间的相关关系，称简相关。研究三个或三个以上变量之间的相关关系称复相关。无论是简相关还是复相关，又有直线相关和曲线相关之分。本节重点介绍简单直线相关；简单介绍简单曲线相关。

二、简单直线相关

设由变量 x，y 的同期样本系列构成 n 组观测值 (x_i, y_i)，$i = 1 \sim n$，并设待求变量为 y，称为倚变量，主要影响因素 x 为自变量。以倚变量 y 为纵坐标，自变量 x 为横坐标，点绘散点图，如图 2-18（a）所示，点群呈现密集的带状分布，且为直线趋势，则可用相关图解法或相关计算法进行简单直线相关分析，选配直线方程

$$\hat{y} = a + bx \tag{2-24}$$

（一）相关图解法

根据散点图，通过点群中心，目估定出相关直线，如图 2-18（a）直线所示。由直线上的两点可确定式（2-24）中 a、b 两个参数；也可由图上直接求得，即 a 为直线在纵轴上的截距，b 为直线的斜率。

用目估定线时应注意以下几点：应使相关线两侧点据的正离差之和与负离差之和大致相等；对离差较大的个别点不得轻率地删略，须查明原因，如果没有错误或不合理之处，定线时还要适当照顾，但不易过分迁就，要全盘考虑相关点的总趋势；相关线应通过同期系列的均值点 $(\bar{x}, \bar{y})$，这可由下述的相关计算法得到证明。

相关直线方程反映了相关变量之间的近似关系。根据相关直线或相关方程就可由 x 估计 y。

相关图解法简便实用，一般精度尚可，但目估定线有一定的任意性，且不能定量描述相

关的密切程度和估计误差。

(二) 相关计算法

1. 确定相关方程的准则

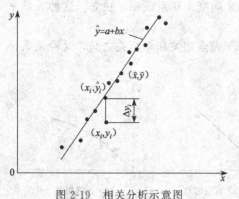

图 2-19 相关分析示意图

根据散点图，可确定很多条直线，由于建立相关方程式（2-24）的目的是由 x 求 y，很自然的一个想法是希望观测点在倚变量 y 方向上最靠近所求相关直线。由图 2-19 可见，观测点（x_i，y_i）与相关直线在纵坐标方向上的离差（也称为残差）Δy_i 为

$$\Delta y_i = y_i - \hat{y}_i$$

式中　y_i——观测点的纵坐标，$i=1$，2，…，n；

$\hat{y}_i$——由 x_i 根据相关直线求得的纵坐标值，$i=1$，2，…，n。

我们希望整体拟合"最佳"，即式（2-25）离差平方和等于最小。

$$\sum_{i=1}^{n} (y_i - \hat{y}_i)^2 = \sum_{i=1}^{n} (y_i - a - bx_i)^2 \tag{2-25}$$

按照这一准则确定的相关直线称最小二乘法准则，由此求得的相关方程称为 y 倚 x 的回归方程，相应相关直线称为回归线，a、b 称为回归系数。

2. 回归系数的确定

根据最小二乘法，可求得回归系数 a、b 分别为

$$b = \frac{\sum_{i=1}^{n} (x_i - \overline{x})(y_i - \overline{y})}{\sum_{i=1}^{n} (x_i - \overline{x})^2} = r \frac{s_y}{s_x}$$

$$\tag{2-26}$$

$$= \frac{n \sum_{i=1}^{n} (x_i y_i) - \sum_{i=1}^{n} x_i \sum_{i=1}^{n} y_i}{n \sum_{i=1}^{n} x_i^2 - \left(\sum_{i=1}^{n} x_i \right)^2}$$

$$a = \overline{y} - b\overline{x} \tag{2-27}$$

其中
$$r = \frac{\sum_{i=1}^{n} (x_i - \overline{x})(y_i - \overline{y})}{\sqrt{\sum_{i=1}^{n} (x_i - \overline{x})^2 \sum_{i=1}^{n} (y_i - \overline{y})^2}} \tag{2-28}$$

$$s_x = \sqrt{\sum_{i=1}^{n} (x_i - \overline{x})^2 / (n-1)} \tag{2-29}$$

$$s_y = \sqrt{\sum_{i=1}^{n} (y_i - \overline{y})^2 / (n-1)} \tag{2-30}$$

式中　$\overline{x}$、$\overline{y}$——x、y 系列的均值；

s_x、s_y——x、y 系列的均方差；

r——相关系数，表示 x、y 之间线性相关的密切程度。

3. 回归线的误差

由回归方程所确定的回归线是在最小二乘法准则情况下与观测点的最佳配合线，观测点不

会完全落在此线上，而是分布于两侧。因此，回归方程只反映两变量之间的平均关系，利用回归方程由 x 求 y，不可避免存在误差。数理统计中经过研究，由下式估计回归方程的误差：

$$\delta_y = \sqrt{\frac{\sum_{i=1}^{n}(y_i - \hat{y_i})^2}{n-2}}$$ (2-31)

称 δ_y 为 y 倚 x 回归线的均方误。式中各符号含义同前。

强调指出，回归线的均方误 δ_y，是从平均意义上反映回归线的误差，而绝非是对于任意给定的 x_0，由回归方程求得 $\hat{y_0} = a + bx_0$ 的具体误差。

根据统计学原理，可以证明：

$$\delta_y = s_y \sqrt{1 - r^2}$$ (2-32)

4. 相关系数

由式（2-32）容易得出，$r^2 \leqslant 1$。并且：

(1) 若 $r^2 = 1$，则均方误 $\delta_y = 0$，表明关系点 (x_i, y_i)，$i = 1, 2, \cdots, n$，均落在回归线上，两变量为线性函数关系。

(2) 若 $r^2 = 0$，则均方误 $\delta_y = s_y$，此时误差达最大值，说明变量之间无线性关系。

(3) 若 $r^2 < 1$，即 $0 < |r| < 1$，则变量之间存在线性相关关系。$r > 0$，称为正相关；$r < 0$，称为负相关。$|r|$ 越大，两变量线性相关越密切。

那么，$|r|$ 多大时，可以认为两变量线性相关显著？根据数理统计中的相关系数检验法，可确定相关系数临界值 r_α，见表 2-4。当 $|r| \geqslant r_\alpha$ 时，线性相关显著。$1 - \alpha$ 为作出判断的可靠程度。

表 2-4 不同信度 α 所需相关系数的最低值 r_α

$n-2$	$\alpha = 0.05$	$\alpha = 0.01$	$n-2$	$\alpha = 0.05$	$\alpha = 0.01$
1	0.999	1.000	21	0.413	0.526
2	0.950	0.990	22	0.404	0.515
3	0.878	0.959	23	0.396	0.505
4	0.811	0.917	24	0.388	0.496
5	0.754	0.874	25	0.381	0.487
6	0.707	0.834	26	0.374	0.478
7	0.666	0.798	27	0.367	0.470
8	0.632	0.765	28	0.361	0.463
9	0.602	0.735	29	0.355	0.456
10	0.576	0.708	30	0.349	0.449
11	0.553	0.684	35	0.325	0.418
12	0.532	0.661	40	0.304	0.393
13	0.514	0.641	45	0.288	0.372
14	0.497	0.623	50	0.273	0.354
15	0.482	0.606	60	0.250	0.325
16	0.468	0.590	70	0.232	0.302
17	0.456	0.575	80	0.217	0.283
18	0.444	0.561	90	0.205	0.267
19	0.433	0.549	100	0.195	0.254
20	0.423	0.537	200	0.138	0.181

在水文领域的实际问题中，一般要求 n 在 10 或 12 以上，且 $|r| \geqslant 0.8$ 时，成果方可应用，该结论即是利用相关系数检验法得出的。研究表明，仅用相关系数作为判别密切与否的标准不够全面，实际应用时，通常还要求回归线的均方误 δ_y 应小于 $\bar{y}$ 的 15%。

进一步指出，相关系数表示 x、y 之间线性相关的密切程度。若 $r=0$，只表示两变量之间无线性关系，但可能存在曲线关系，需要根据散点图的趋势进行分析，当曲线关系较密切时，则进行曲线相关。

【**案例 2-3**】 长江上游忠县和万县 1978～1995 年同期观测的年最高水位资料见表 2-5 中第（1）～第（3）列。试建立忠县年最高水位与万县年最高水位的回归方程，并根据其展延忠县 1973～1977 的年最高水位。

表 2-5 忠县与万县 1978～1995 年年最高水位相关计算

年份	万县 x_i/m	忠县 y_i/m	$x_i-\bar{x}$	$(x_i-\bar{x})^2$	$y_i-\bar{y}$	$(y_i-\bar{y})^2$	$(x_i-\bar{x})(y_i-\bar{y})$
（1）	（2）	（3）	（4）	（5）	（6）	（7）	（8）
1978	127.43	137.48	−1.74	3.03	−1.51	2.28	2.63
1979	131.48	140.72	2.31	5.34	1.73	2.99	4.00
1980	131.86	141.06	2.69	7.24	2.07	4.28	5.57
1981	135.93	144.44	6.76	45.70	5.45	29.70	36.84
1982	126.05	136.47	−3.12	9.73	−2.52	6.35	7.86
1983	136.26	145.19	7.09	50.27	6.20	38.44	43.96
1984	124.45	135.09	−4.72	22.28	−3.90	15.21	18.41
1985	129.28	139.18	0.11	0.01	0.19	0.04	0.02
1986	123.05	134.26	−6.12	37.45	−4.73	22.37	28.95
1987	123.39	134.54	−5.78	33.41	−4.45	19.80	25.72
1988	132.07	141.80	2.90	8.41	2.81	7.90	8.15
1989	137.21	145.93	8.04	64.64	6.94	48.16	55.80
1990	128.36	138.12	−0.81	0.66	−0.87	0.76	0.70
1991	127.53	137.05	−1.64	2.69	−1.94	3.76	3.18
1992	126.47	136.13	−2.70	7.29	−2.86	8.18	7.72
1993	129.38	139.28	0.21	0.04	0.29	0.08	0.06
1994	124.65	135.24	−4.52	20.43	−3.75	14.06	16.95
1995	130.12	139.87	0.95	0.90	0.88	0.77	0.84
合计	2324.97	2501.85		319.52		225.15	267.35
平均	129.17	138.99					

第一种途径是分步完成计算。

（1）将待插补的忠县年最高水位作为倚变量 y；万县年最高水位作为自变量 x。

（2）绘散点图，判断相关趋势。

由图 2-20 可见忠县与万县 1978~1995 年年最高水位相关散点图为直线趋势，则选配直线方程，即

$$\hat{y} = b_0 + b_1 x$$

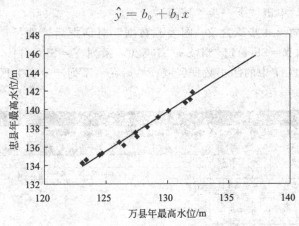

图 2-20 忠县与万县年最高水位相关图

（3）b_0、b_1 的确定。

建立相关计算表见表 2-5。

$$b_1 = \frac{\sum\limits_{i=1}^{n}(x_i - \overline{x})(y_i - \overline{y})}{\sum\limits_{i=1}^{n}(x_i - \overline{x})^2} = \frac{267.35}{319.52} = 0.8367$$

$$b_0 = \overline{y} - b_1 \overline{x} = 138.99 - 0.8367 \times 129.17 = 30.913$$

则回归方程为：$\hat{y} = 30.913 + 0.8367x$

（4）判断密切程度。

$$相关系数：r = \frac{\sum\limits_{i=1}^{n}(x_i - \overline{x})(y_i - \overline{y})}{\sqrt{\sum\limits_{i=1}^{n}(x_i - \overline{x})^2 \sum\limits_{i=1}^{n}(y_i - \overline{y})^2}} = \frac{267.35}{\sqrt{319.52 \times 225.15}} = 0.997$$

$n = 18$，相关系数 $r > 0.8$；计算 $s_y = \sqrt{\sum\limits_{i=1}^{n}(y_i - \overline{y})^2/(n-1)} = \sqrt{225.15/17} = 3.64\text{m}$，且 $\delta_y = s_y\sqrt{1 - r^2} = 3.64\sqrt{1 - 0.997^2} = 0.28\text{m}$，$\delta_y/\overline{y} = 0.28/138.99 = 0.2\% \ll 15\%$，故相关密切，成果可用。

（5）展延忠县 1973~1977 年的年最高水位。

利用回归方程，由万县水位展延忠县 1973~1977 年的年最高水位，见表 2-6。

表 2-6 由万县水位展延忠县年最高水位

年份	1973	1974	1975	1976	1977
万县年最高水位 x/m	131.89	134.52	133.52	133.64	133.54
忠县年最高水位 y/m	141.27	143.47	142.63	142.73	142.65

第二种途径是直接利用 Excel 软件的图表向导功能直接绘出相关直线，并求出相关直线方程及相关系数，其步骤如下：

（1）打开 Excel 新建一个工作簿，用常规数据格式在 A 列输入相关计算同期资料相应的

年份，B列输入自变量万县年最高水位 x 值，C列输入倚变量忠县年最高水位 y 值。

（2）点击菜单栏"插入"→"图表"，出现"图表向导-4 步骤之 1—图表类型"对话框后，选择 XY 散点图，单击"下一步"按钮。

（3）出现"图表向导-4 步骤之 2—图表源数据"对话框后，选择"数据区域=Sheet1! \$B\$3：\$C\$20，系列 X=Sheet1! \$B\$3：\$B\$20，系列 Y=Sheet1! \$C\$3：\$C\$20"；或者用鼠标拖动选择图 2-21 中的阴影数据区域；然后在"系列产生在"区选择"列"，再单击"下一步"按钮。

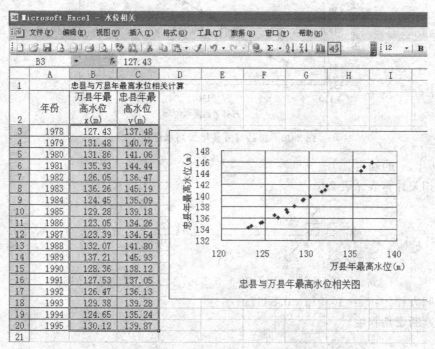

图 2-21　利用 Excel "图表向导"绘散点图

（4）出现"图表向导-4 步骤之 3—图表选项"对话框后，选择"标题"标签，在"图表标题"栏中输入"忠县年最高水位与万县年最高水位相关图"，在"数值 X 轴（A）"栏输入"万县年最高水位（m）"，在"数值 Y 轴（V）"栏输入"忠县年最高水位（m）"；选择"坐标轴"标签，在"主坐标轴数值 X 轴（A）、数值 Y 轴（V）"前打"√"；选择"网格线"标签，在"数值 X 轴主要网格线、数值 Y 轴主要网格线"前打"√"；然后单击"下一步"按钮。

（5）出现"图表向导-4 步骤之 4—图表位置"对话框后，选择"作为其中的对象插入"，然后单击"完成"按钮，即得到图 2-21 所示的散点图。

（6）将光标放在绘图区内任一相关点上并单击鼠标右键→选"添加趋势线"，在"类型"标签中，选"线性"；在"选项"标签中的"显示公式""显示 R 平方值"前面打"√"，然后单击"确定"，即得到相关线及有关计算结果，如图 2-22 所示。

求出相关直线方程为：$y=0.8367x+30.914$，相关指数 $R^2=0.9936$。对于线性相关分析，R^2 即为线性相关系数的平方值，相关系数 $|r|=\sqrt{R^2}$，当正相关时，$r=\sqrt{R^2}$；负相关时，$r=-\sqrt{R^2}$。本例为正相关，相关系数 $r=0.997$。

进一步可对绘图区、坐标轴等处单击鼠标右键，选择有关项目，进而分别对绘图区、坐标轴等处的格式进行设置与修改，读者可上机练习。

以上两种途径的计算结果完全一致。

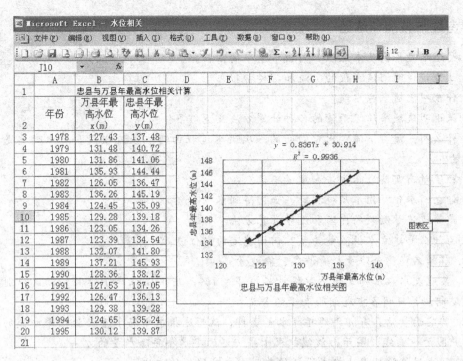

图 2-22　添加趋势线并得到相关方程

三、可线性化的曲线相关

在水文计算中常常会遇到两个变量的相关关系为曲线。若能通过变量代换将其线性化，则称为可线性化的曲线。像幂函数、指数函数等均可线性化。

例如，依据散点图选配指数函数

$$y = a\mathrm{e}^{bx} \tag{2-33}$$

对式（2-33）两边取对数并令 $\ln y = Y$，$\ln a = A$，则有

$$Y = A + bx \tag{2-34}$$

将 n 组观察值 (x_i, y_i) 转化为 (x_i, Y_i)，则可对式（2-34）进行直线相关分析，得到 A、b，再由 $A = \ln a$，求得 $a = \mathrm{e}^A$。

应当指出，式（2-34）的线性相关系数反映了变换后新变量之间的线性密切程度，不能确切反映式（2-33）曲线相关的密切程度。曲线相关中，常用相关指数 R^2 作为衡量密切程度的指标。其计算式为

$$R^2 = 1 - \frac{\sum\limits_{i=1}^{n}(y_i - \hat{y}_i)^2}{\sum\limits_{i=1}^{n}(y_i - \overline{y})^2} \tag{2-35}$$

式中各符号含义同前。

$R^2 \leqslant 1$，R^2 越大，曲线相关越密切。特别地，可以证明，当 x、y 为相关直线时，相关指数 R^2 即为线性相关系数 r 的平方。

对于曲线相关分析，更好的方法应采用非线性回归方法，可参阅文献。

思考题与技能训练题

1. 简述水量平衡基本原理，写出水量平衡方程。

2. 试分析说明河流弯段的水流和河槽特征。

3. 什么叫流域、分水线？

4. 试说明流域平均降雨量的各种计算方法及适用条件？

5. 什么叫产流、汇流？出口断面的一次洪水过程由哪些径流组成？其中哪些是本次降雨形成的？

6. 径流量有哪些表示方法和度量单位？

7. 什么叫水位？用水尺观测时，如何得到水位？

8. 试简述流量测验的内容和流量计算方法。

9. 为什么要建立水位流量关系？何谓稳定的水位流量关系？

10. 解释名词：含沙量、输沙率、输沙量。

11. 某地表水取水构筑物防洪设计标准 $P = 1\%$，用水保证率 $P = 97\%$，试分别计算它们的重现期，并说明各重现期所表示的含义？

12. 若某雨量站具有 n 年的年降水量资料，试简述推求年降水量经验频率曲线的方法与步骤，并图示该曲线、图示由该线推求十年一遇的丰水年年降水量的方法。

13. 简述用经验频率法推求设计的某一水文特征值的方法。

14. 回归分析法推求回归方程的准则是什么？已知 y 倚 x 的回归方程为 $y = 2x + 1$，则 x 倚 y 的回归方程为 $x = 0.5(y - 1)$ 对吗？

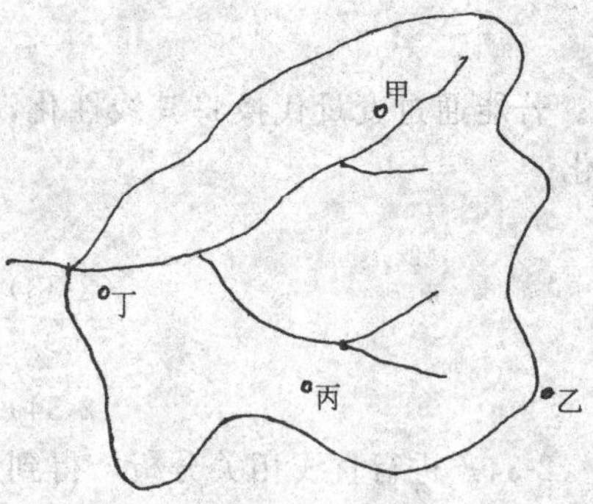

15. 何谓 y 倚 x 回归线的均方误？它与 y 系列的均方差有何区别？

16. 如何计算相关系数 r？说明其取值范围及不同取值所反映的相关关系的密切程度。当 y 倚 x 的回归线的均方误 $\delta_y = 0$ 时，相关系数 $|r| = ?$，此时变量间是什么关系？

17. 某流域面积 5600km^2，流域中各雨量站位置见图 2-23。各雨量站控制面积及某次降雨各雨量站观测记录见表 2-7。

图 2-23 某流域各雨量站位置示意图

表 2-7 各雨量站资料

雨量站	甲	乙	丙	丁
雨量 H_i/mm	131.6	132.1	133.0	140.0
控制面积 f_i/km²	1920	1040	1690	950

要求：(1) 绘制泰森多边形。(2) 分别用算术平均法和泰森多边形法计算流域平均降雨量（降雨量保留 1 位小数）。

18. 某流域面积为 1000km^2，多年平均年降水量 H_F 为 545mm，多年平均流量 $\overline{Q}$ 为 $5.2 \text{m}^3/\text{s}$。求流域多年平均年径流总量 $\overline{W}$、多年平均年径流深 $\overline{R}$、多年平均年径流模数 $\overline{M}$、多年平均年径流系数 $\overline{\alpha}$。

19. 相关计算插补延长系列

(1) 基本资料：甲、乙两站位于同一河流的上、下游，且两站所控制的流域面积相差不大。两站实测的年平均流量资料见表 2-8。

表 2-8 甲、乙两站年平均流量表   单位：m^3/s

年份	1973	1974	1975	1976	1977	1978	1979	1980	1981	1982	1983
$Q_甲$								101	114	114	61.8
$Q_乙$	270	307	265	219	213	210	188	158	183	205	99.2
年份	1984	1985	1986	1987	1988	1989	1990	1991	1992	1993	
$Q_甲$	43.1	104	143	144	83.5	181	149	103	113	121	
$Q_乙$	97.1	175	234	245	133	279	254	181	198	199	

（2）要求：根据甲站和乙站同期资料，采用回归分析法进行相关计算，并插补延长甲站的年平均流量。

第三章
地下水的基本知识

学习指南

对于地下水取水构筑物的设计与施工、运行与维护管理，需首先搞清楚开采段含水层的性质及地下水的运动特性等。本章学习地下水的基本知识：地下水的形成条件、类型及其特征，运动与循环基本规律，不同地貌地区的地下水分布特征，供水水文地质勘察等内容。涉及的规范有：《供水水文地质勘查规范》（GB 50027）、《地下水资源勘查规范》（SL 454）、《水利水电工程水文计算规范》（SL 278）等。学习目标如下。

（1）能够熟练表述与应用下列术语或基本概念：包气带与饱水带、土壤水与重力水、重力水的形成条件、岩土的空隙与空隙率、给水度、渗透系数、含水层、隔水层、含水段、含水带、上层滞水、潜水、承压水、地下水的补给、径流、排泄、物探、钻探、抽水试验等。

（2）能够根据岩土的类型，正确确定给水度、渗透系数。

（3）会判断含水层、含水带、隔水层等。

（4）能够熟练阐述潜水、承压水等常用术语及其特征，会识读潜水的等水位线图、承压水的等水压线图，并会应用其解决相关的实际问题。

（5）能运用水量平衡原理，列出任一时段的地下水均衡方程。

（6）能够熟练表述达西定律及其使用条件，并会应用其进行简单的渗流计算。

（7）理解不同地貌特征地区的地下水的富水部位。

（8）理解水文地质勘察工作中的物探、钻探方法及其能够解决的实际问题。

（9）能够熟练表述稳定流抽水试验及其主要应用。

第一节　地下水的形成条件

广义上，地下水是指埋藏于地表以下岩土层空隙中各种状态水的总称；狭义上地下水指地表以下饱水带岩层空隙中的水。地下水形成条件为具有贮存、运动空间和补给水源。

一、包气带和饱和带中的水分

地下水的贮存、运动空间分为包气带和饱水带。包气带是指地面以下，地下水位以上的岩土层。它由土壤颗粒、水分和气体物质组成，其中所含水分为土壤水。饱水带则是地下水面以下被水所充满的岩土层，其中所含水量为重力水，即通常所指的地下水。

土壤水又分为吸湿水、薄膜水、毛管水、渗透重力水。土粒表面的分子对水分子的吸引力称为分子力。吸湿水是在分子力的作用下，吸附于土壤颗粒表面的水分。吸湿水没有溶解能力，不能自由移动，植物也不能吸收。薄膜水指在吸湿水外面，由土粒剩余分子力所吸持的水分。薄膜水受分子吸力的作用，不受重力的影响，但可以由水膜厚的土粒向水膜薄的土粒缓慢移动。吸湿水和薄膜水统称为结合水，前者为强结合水，后者为弱结合水。毛管水指土壤孔隙中由毛管力作用所保持的水分。毛管水可分为毛管悬着水和支持毛管水两类。毛管悬着水指在毛管力的作用下，悬吊于孔隙中的水分，它是植物生长和土壤蒸发的补给水源。支持毛管水，亦称上升毛管水，是地下水面以上由毛管力所支持而存在于土壤孔隙中的水分。土壤中所能保持的毛管悬着水的最大量，称为田间持水量。当土壤含水量小于或等于田间持水量时，土壤水不作重力移动，当土壤含水量超过田间持水量时，超过的水分将不能保持在土壤中，会在重力作用下向下渗透，这种在重力作用下，沿土壤孔隙由上往下运移的水分，称为渗透重力水。包气带中的渗透重力水，运动到地下水面，补给地下水使其水位升高。

饱水带的水分，主要是重力水，即在重力作用下能够自由运动的水分。取水构筑物取用的水或从泉中流出的水都是重力水。重力水是水文地质和取水工程研究的主要对象。

二、岩土的空隙

岩土是松散沉积物和坚硬岩石的总称。在地壳形成与演变过程中，岩土层中必定有大小不一、或多或少、形状各异的空隙。岩土的空隙是地下水贮存和运动的场所。岩土的空隙分为孔隙、裂隙、溶隙，如图 3-1 所示。

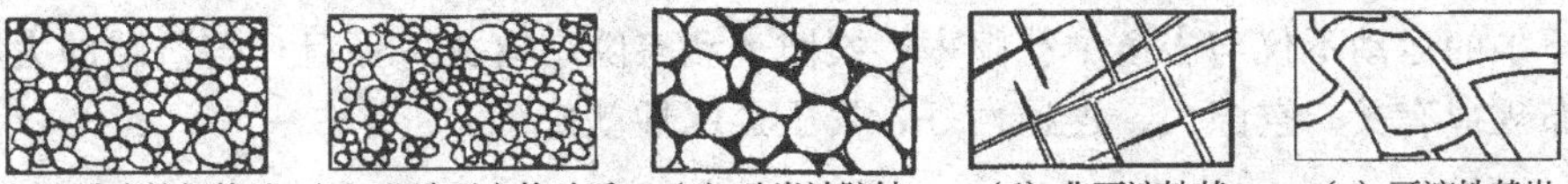

(a) 分选度较好的砂　(b) 分选不良的砂质　(c) 砂岩被胶结　(d) 非可溶性基　(e) 可溶性基岩
质岩层中的孔隙　　岩层中的孔隙　　物填充孔隙　　岩中的裂隙　　中的溶隙

图 3-1　岩土的空隙

1. 孔隙与孔隙率（孔隙度）

松散沉积物颗粒之间的空隙，称为孔隙。衡量松散沉积物孔隙多少的定量指标，采用孔隙率（孔隙度），可用下式表示：

$$n_k = \frac{V_k}{V} \times 100\% \tag{3-1}$$

式中　n_k——孔隙率，%；

　　　V——岩土总体积，m^3；

　　　V_k——孔隙体积，m^3。

孔隙率的大小取决于颗粒的排列形式、分选程度、颗粒形状、密实程度以及胶结状况等。某地区典型松散沉积物的孔隙率如表 3-1 所示。

表 3-1　某地区典型松散沉积物的孔隙率

岩土名称	砾石	粗砂	细砂	亚黏土	黏土	泥炭
孔隙率/%	27	40	42	47	50	80

实际工作中，常见到颗粒越细，孔隙率越大的现象，但需要注意的是，孔隙率只能反映孔隙的多少，不能反映孔隙的大小。例如黏土的孔隙率大，原因在于黏粒表面常带有电荷，

颗粒接触时便连结成颗粒集合体,形成结构孔隙,其透水性很差。

2. 裂隙与裂隙率(裂隙度)

坚硬岩石受地壳运动及其他内外地质应力作用产生的空隙,称为裂隙。衡量裂隙多少的定量指标,采用裂隙率(裂隙度),可用下式表示:

$$n_l = \frac{V_l}{V} \times 100\% \tag{3-2}$$

式中　n_l——裂隙率,%;

　　　V——岩土总体积,m^3;

　　　V_l——裂隙体积,m^3。

岩石中裂隙的发育及分布极为复杂,分布不均匀。

3. 溶隙与溶隙率(溶隙度)

可溶性岩石(如石灰岩、白云岩、石膏等)中的裂隙,经水流长期溶蚀扩展而形成的空隙,小的称作溶隙,大的称为溶洞,衡量溶隙多少的定量指标,采用溶隙率(溶隙度),可用下式表示:

$$n_r = \frac{V_r}{V} \times 100\% \tag{3-3}$$

式中　n_r——溶隙率,%;

　　　V——岩土总体积,m^3;

　　　V_r——溶隙体积,m^3。

溶隙与裂隙相比较,在形状、大小、分布、不均匀程度等方面变化更大。溶隙率的变化范围很大,由小于百分之一大到百分之几十,因此溶隙率取决于溶蚀程度。

地下水的运动不仅与岩土中孔隙率、裂隙率和溶隙率有关,而且还与空隙的大小、连通性和分布规律有关。空隙大、连通性好,岩土透水性就好。

三、岩土的水理性质

岩土的水理性质是指岩土与水接触时,控制水分贮存和运动的性质。它与岩土的空隙大小、多少和连通性密切相关。它决定了岩土中水的贮存与运动的规律。岩土的水理性质通常包括容水性、持水性、给水性和透水性。

1. 容水性

岩土的容水性是指岩土空隙能容纳一定水量的性能。度量容水性的指标为容水度,即

$$C = \frac{W_m}{V} \times 100\% \tag{3-4}$$

式中　C——容水度,%;

　　　W_m——岩土空隙中能容纳的水量体积,m^3;

　　　V——岩土总体积,m^3。

显然,岩土的容水度与其空隙多少有关,一般情况下,容水度在数值上等于空隙度。但有时因岩土中有些空隙互不连通,或空隙中存在被水封闭的气泡,容水度则比空隙度小。

2. 持水性

岩土的持水性是指岩土在重力作用下,依靠分子引力和毛管力作用仍能保持一定水量的性能。衡量持水性的指标为持水度,即

$$S_r = \frac{W_r}{V} \times 100\% \tag{3-5}$$

式中　S_r——持水度,以小数或百分数表示;

W_r——在重力作用下，仍保持于岩土中的水的体积，即田间持水量之下非重力水的水量，m^3；

V——岩土总体积，m^3。

一般情况下，岩土颗粒越小，表面吸附作用越强，持水度就越大。黏土持水性大。

3. 给水性

岩土的给水性指饱水岩土在重力作用下，能自由排出一定水量的性能。衡量给水性的定量指标为给水度。给水度指饱水岩土在重力作用下能自由排出水的体积与岩土总体积之比，记 μ，通常以小数表示。计算公式为

$$\mu = \frac{W_w}{V} \tag{3-6}$$

式中 W_w——饱水岩土中能释放重力水的体积，m^3；

V——岩土总体积，m^3。

因为 $\qquad\qquad W_m = W_r + W_w$

所以 $\qquad\qquad C = S_r + \mu$

故 $\qquad\qquad \mu = C - S_r \tag{3-7}$

因此，岩土的给水度在数值上等于容水度减去持水度。粗颗粒松散土层及含有张开裂隙与溶隙的岩石，持水度很小，给水度接近于容水度；黏土以及含有微裂隙的岩石，持水性强，持水度接近于容水度，给水度很小或等于零。《地下水资源勘察规范》（SL 454—2010）中给出一些岩（土）体的给水度（μ）经验值，见表 3-2。当缺乏确定给水度的试验资料时，可根据表 3-2 选用。

表 3-2 给水度（μ）经验值

名称	μ	名称	μ
黏土	0.02~0.035	细砂	0.08~0.11
粉质黏土	0.03~0.045	中细砂	0.085~0.12
粉土	0.035~0.06	中砂	0.09~0.13
黄土状粉质黏土	0.02~0.05	中粗砂	0.10~0.15
黄土状粉土	0.03~0.06	粗砂	0.11~0.15
粉砂	0.06~0.08	泥质胶结的砂岩	0.02~0.03
粉细砂	0.07~0.010	裂隙灰岩	0.008~0.10

4. 透水性

岩土的透水性是指岩土能通过水的能力。它主要取决于岩土空隙的大小、连通程度。评价岩土透水性的指标是渗透系数 K。渗透系数是指当水力坡度等于 1 时的渗流速度，因此它具有速度的单位，一般用 m/d 表示。渗透系数越大，岩土的透水性越强。《水利水电工程水文计算规范》（SL 278—2002）给出了不同岩性渗透系数的经验值，见表 3-3。对于同一类型岩石的含水层，当颗粒不均匀系数较大时，或含泥量较大时，渗透系数取表 3-3 中的较小值。

表 3-3 不同岩性渗透系数（K）经验值

岩性	渗透系数/(m/d)	岩性	渗透系数/(m/d)
黏土	0.001~0.054	细砂	5~15
亚黏土	0.02~0.50	中砂	10~25
亚砂土	0.2~1.0	粗砂	20~50
粉砂	1~5	砂砾石	50~150
粉细砂	3~8	卵砾石	80~300

给水度和渗透系数是井渠出水量计算和地下水资源评价最重要的水文地质参数之一。给水度的大小在很大程度上可反映出透水性的好坏，即岩土的透水性好，其给水性也较好。

四、含水层

1. 含水层的概念

含水层指空隙充满水，且能给出并透过相当数量水的岩土层。实际上几乎没有一种岩层是绝对不含水的，但并不是所有的岩层都能构成含水层，通常只是把那些富集重力水的饱水带称为含水层。不能给出水或不透水的岩土层称为隔水层，例如，黏土层、坚硬岩石层均为隔水层，亚黏土层透水性较差，一般也作为隔水层。当然，对于干缩裂隙发育的黏土层，若厚度较大且有水源补给时，也会形成含水层。

构成含水层必须具备以下条件：

(1) 要有地下水贮存和运动的空隙。

(2) 要有聚集和贮存地下水的贮水构造。所谓贮水构造，概括起来不外乎是，在良好的含水层下面必须有隔水的岩土层存在，在水平方向上有隔水边界。这样，才能使运动于空隙中的重力水贮存起来，并充满空隙而形成含水层。当含水层在水平方向上延伸很广时，因地下水流动非常缓慢，即使没有侧向隔水边界，同样可以构成含水层。

(3) 具有充足的地下水补给来源。

2. 含水段、含水带

松散沉积物的岩性单一且连续成层分布时，容易划分含水层，而裂隙或溶隙分布一般不是成层分布的，则不易划分含水层。故在工程实际中提出含水段、含水带的概念。

含水段是指对厚度较大的岩层按富水程度划分的段落。含水带是指局部的、呈条带状分布的含水地带。对于穿越不同成因、岩性、时代的饱水断裂破碎带、风化带以及在松散沉积层分布区中的古河道带等呈带状分布的含水地带，则可划分成含水带。

3. 含水组、含水岩系

含水组：将若干个沉积环境和水文地质特征相同，具有密切水力联系，或有统一的地下水位，地下水化学成分亦相近的含水层，可划归为一个含水岩组，简称含水组。

含水岩系：当进行大范围的区域性的水文地质研究和编图时，往往将几个水文地质条件相近的含水组，划为一个含水岩系。

第二节　地下水类型及其特征

地下水按含水层性质，也即按含水介质分为孔隙水、裂隙水、溶隙水；按埋藏条件分为上层滞水、潜水、承压水。按这两种分类，可以组合成不同类型的水，例如，孔隙潜水。潜水、承压水是地下水取水构筑物主要开发取用的地下水。以下主要阐述这两种水，简介上层滞水。

一、上层滞水

上层滞水指存在于包气带中局部隔水层或弱透水层以上具有自由水面的重力水，如图3-2所示。

上层滞水距地表近，补给区和分布区一致。接受当地大气降水或地表水的补给，以蒸发的形式排泄。上层滞水一般含盐量低，但易受污染。上层滞水分布范围有限、厚度小、水量小、具有明显的季节性，只能作为小型或暂时性的供水水源。开采上层滞水，要注意把握打井深度。

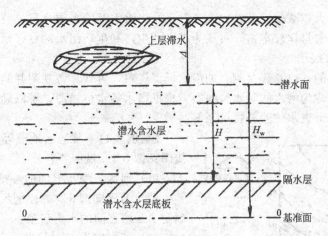

图 3-2 上层滞水和潜水

Δ—潜水埋藏深度；H—潜水含水层厚度；H_w—潜水位

二、潜水

1. 潜水的概念

潜水指埋藏在地表以下第一个稳定的隔水层之上具有自由水面的重力水，如图 3-2 所示。潜水主要分布于第四纪松散沉积层中，如冲积地层、洪积地层等。在出露地表的裂隙岩层和岩溶岩层中的上部也可能存在潜水。

潜水的自由水面，称为潜水面。地表至潜水面的竖直距离称为潜水的埋藏深度，简称潜水埋深，记符号 Δ。潜水面相对于某一基准面的高程，称为潜水位，记 H_w。潜水含水层底部的隔水边界，称为含水层底板。潜水面至含水层底板之间的饱水带称为潜水含水层，潜水面至含水层底板的竖直距离，称为潜水含水层厚度，记 H。

2. 潜水的特征

（1）潜水具有自由水面，为无压水。当潜水面倾斜时，潜水将由高水位向低水位流动，称潜水流。潜水面任意两点的水位差与该两点的水平距离之比，称为潜水的水力坡度。一般潜水的水力坡度很小，常为千分之几、万分之几。

（2）潜水的分布区、补给区、排泄区基本一致。分布区即含水层分布的范围；补给区即补给潜水的地区；排泄区即潜水出流的地区。潜水受气候、水文因素影响很大，直接接受大气降水的补给和地表水体或上游的侧向补给，分别称为垂直补给与水平补给，潜水以垂直补给为主。潜水排泄方式之一为潜水蒸发，即潜水通过毛细上升现象经过包气带蒸发的水量，这种方式称为垂直排泄。另一排泄方式为流入地表水体、向下游侧向排泄或以泉的形式排泄，称为水平排泄或径流排泄。低洼地区，潜水以垂直排泄为主。

补给、排泄方式不同，直接影响到潜水的水质。蒸发排泄时，只排泄水分，不排泄盐分，结果会导致潜水水分消耗，盐分累积。在干旱气候与地形低洼地带或补给量贫乏及地下径流缓慢的地区，往往形成矿化度（单位水容积内含有各种离子、分子与化合物的量，g/L）很高的咸水。在气候湿润、补给量丰富及地下水流动畅通的地区，盐分随水分同时排泄，故不致造成累盐，往往形成矿化度低的淡水。在我国北方气候较干旱的平原地区，常出现咸水区与淡水区在水平方向上相间分布，甚至呈现岛状分布。

（3）潜水的含水层厚度是变的。水量、水位随时间变化，季节性强。

（4）由于潜水含水层之上无连续的隔水层覆盖，潜水较易受污染。

（5）打井或钻孔时，潜水的稳定水位即为初见水位。

潜水分布范围大埋藏较浅；易被人工开采。当潜水补给来源充足，特别是河谷地带和山间盆地中的潜水，水量比较丰富，可成为工农业生产和生活用水的良好水源。

3. 潜水等水位线图

根据各观测井的井口高程及测得的潜水埋深资料，可计算各观测井的潜水位。将潜水位相等的点连成的线称为潜水的等水位线图。根据潜水等水位线图，可以确定潜水的流向、潜水的水力坡度、与地表水体的补排关系等。

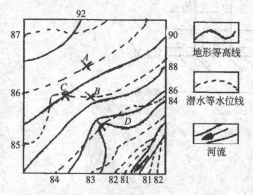

图 3-3 某地区地形等高线与潜水等水位线

【案例 3-1】 某地区地形等高线与潜水等水位线图见图 3-3。试回答：

（1）河水与潜水之间的补排关系。

（2）若已知图 3-3 的比例尺为 1：10 万，如何确定 AB 两点间的水力坡度？

（3）若在图中 C 处凿井，多深可见潜水面？

（4）图中 D 处会出现什么水文地质现象？

解：

（1）根据潜水等水位线，可判断该案例为潜水补给河水。

（2）由图 3-3 得：AB 两点图上距离 1cm，由比例尺 1：10 万，可得 AB 两点实地距离为 1×10^5 cm＝1000m。AB 两点水位差＝86m－85m＝1m。则 AB 两点间的水力坡度为 $J=1/1000=0.001$。

（3）C 点的地形等高线为 90m，潜水等水位线为 85m，故潜水的埋深为 90m－85m＝5m。因此在 C 处凿井 5m，可见潜水面。

（4）D 点地形等高线为 84m，潜水等水位线也为 84m，故潜水出露地表，形成潜水泉。

三、承压水

1. 承压水的概念

承压水指充满在两个稳定隔水层之间的含水层中的重力水。如图 3-4 所示。不充满的称为无压层间水。

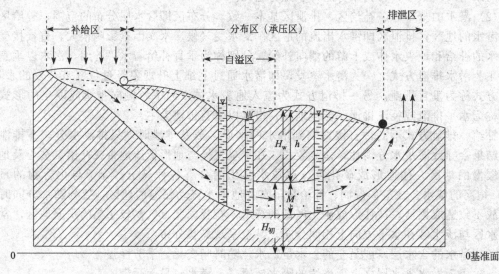

图 3-4 承压水示意图

两个稳定的隔水层之间、充满水的含水层，称为承压含水层。承压含水层顶部、底部的隔水边界，分别称为含水层顶板和含水层底板。承压含水层顶板与底板之间的竖直距离，称为承压含水层厚度，记符号 M。打井或钻孔时刚揭穿含水层顶板时见到的水位，称为初见水位 $H_初$；井打至承压含水层中，井中稳定的水位，称为承压水位，记 H_w。某处的承压水位高出含水层顶板的高度，称为该处的承压水头，记 h，它表示该处含水层顶板所承受的静水压力值。若承压水头高出地面时，在此处打井，则可自流出水，称为自流井。地面至承压水位的竖直距离，称为承压水位的埋深。承压水位的埋深不能反映承压水的埋藏深度。

2. 承压水的特征

（1）无自由水面。由于承压水受到含水层顶板的限制，水自身承受静水压力，并以一定压力作用于含水层顶板上，压力越高，揭穿含水层顶板后水位上升越高，即承压水头越大。

（2）承压含水层的分布区、补给区、排泄区不一致，一般只通过补给区接受补给。由于含水层顶板、底板的存在，承压水的补给与排泄以水平补给与排泄为主。

（3）承压含水层中，某点的含水层厚度为常数。承压水的水位、水量、水温、水质等比较稳定，受气象、水文因素的影响较小。

（4）承压水不易受污染，但一经污染，很难恢复。因此，必须十分注意保护承压水不受污染。承压水的水质与其埋藏条件、补给来源及径流条件有关。一般情况下，承压水是矿化度较低的淡水。

（5）承压水的稳定水位高于初见水位。这是野外判别承压水的方法之一。

3. 承压水等水压线图

连接各点承压水位得到的水面，称为承压水面，它与潜水面不同，潜水面是一个实际存在的面，而承压水面实际是一个虚构的面，钻孔打到这个高度是取不到水的，只有当井孔穿透承压含水层顶板时，才能见到水。

实际工作中，根据测定的各井孔的承压水位资料，将承压水位相等的点连线，则得到等水压线（见思考题与技能训练题 15 中图 3-13）。将各条等水压线绘在同一张图上，即得等水压线图。利用该图可确定承压水流向、水力坡度，如果等水压线图上绘有等高线和含水层顶板等高线时，则可确定承压水含水层顶板埋藏深度和承压水头。根据这些数据可选择适宜的开采地段。

承压水较稳定，分布范围广，含水层厚度一般较大，又具有良好的多年调节性能，是稳定可靠的供水水源，是城市供水主要的水源地。

第三节　地下水的循环与运动的基本规律

一、地下水循环的概念

地下水循环是指地下水的补给、径流和排泄过程。地下含水层自外界获得水量的过程称为地下水的补给；地下含水层失去水量的过程称为地下水的排泄；地下水在土壤或岩层空隙中的流动过程称为地下水的径流。

地下水循环是自然界水文循环的一个重要环节，它促使地下水与地表水相互转化。枯水季节，当地下水位高于河水位时，地下水补给河水；洪水季节，当河水位高于地下水位时，河水补给地下水。地下水与河水补给关系示意图如图 3-5 所示。

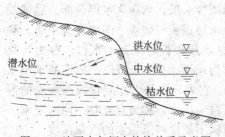

图 3-5　地下水与河水补给关系示意图

地下水的总补给量包括天然补给量和人工回灌量；排泄量包括天然排泄量和开采量，地下水的各项天然补给量与排泄量，是地下水资源计算的重要内容，将在第四章水资源计算与评价中详细介绍。

二、地下水均衡方程

根据水量平衡原理，对某一地下水均衡区，可列出任一年的水均衡方程为：

$$W_{总补} - W_{天排} - W_{开} = \Delta W \tag{3-8}$$

式中　$W_{总补}$——地下水的总补给量，m^3；

$W_{天排}$——地下水的天然排泄量，m^3；

$W_{开}$——地下水的人工开采量，m^3；

ΔW——地下水贮存量的变化量，m^3。

由式（3-8）可知，要处于良性循环，多年平均情况下，地下水位不发生明显变化，应有：

$$\overline{W}_{总补} = \overline{W}_{天排} + \overline{W}_{开} \tag{3-9}$$

式中　$\overline{W}_{总补}$——地下水多年平均总补给量，m^3；

$\overline{W}_{天排}$——地下水多年平均天然排泄量，m^3；

$\overline{W}_{开}$——地下水多年平均开采量，m^3。

因此，只要多年平均开采量小于或等于多年平均总补给量与多年平均天然排泄量之差时，则能保持地下水的动态平衡和良性循环。式（3-9）也说明，从多年来看，只要不是持续超量开采地下水，在枯水年可以允许地下水位有一定幅度的下降，待到丰水年时得到补充、恢复，以充分发挥地下含水层的多年调节作用，这也体现出了地下水资源的可恢复性。

三、地下水运动基本规律

地下水在饱水带中的运动，按流态分为线性运动和非线性运动；按运动要素与时间的关系分为稳定运动和非稳定运动。以下重点学习地下水的线性渗透定律。

岩土的空隙一般情况下是非常细小的，空隙的形状、连通性极其复杂，使地下水流动的通道曲曲折折。因此，地下水在岩土空隙中的流动完全不同于地表水在河渠、管道中的流动，地下水的这种流动状态称作渗流，如图 3-6（a）所示。因此，研究地下水各个质点的运动规律非常困难，几乎不可能，也没有必要。在工程中，研究地下水的运动是研究岩土层内地下水的宏观运动情况，假设用连续充满整个含水层，包括固体颗粒和空隙占据的整个空间的假想地下水流，代替仅在岩层空隙中运动的真实水流，如图 3-6（b）所示。在该假定下建立满足下列要求的渗流模型：

（1）通过任意断面的假想渗流的流量等于通过此断面真实地下水流的流量；

（2）假想渗流在任意断面的水头等于真实地下水流在同一断面的水头；

（3）假想渗流通过岩土层所受到的阻力等于真实地下水流受到的阻力。

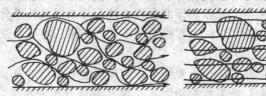

（a）地下水流实际流线　　　　（b）渗流模型虚构流线

图 3-6　地下水流实际流线和渗流模型虚构流线

基于渗流模型，1856年，法国水力学家达西（Darcy）对地下水在砂层中的渗流进行试验，得到下列关系式：

$$Q = K\omega \frac{\Delta h}{L} = K\omega J \tag{3-10}$$

式中 Q——渗流量，即单位时间内渗过砂体的地下水量，m^3/d；

K——渗透系数，即水力坡度等于1时的渗透流速，m/d；

L——渗流长度，m；

Δh——在渗流长度 L 上的测压管水头差，即水头损失，m（渗流的流速水头很小，忽略不计）；

J——水力坡度，即单位渗流长度上的水头损失；

ω——渗流的过水断面面积，即包括固体颗粒和空隙的面积，m^2。

由渗流模型可知，达西定律中的渗透流速 $V = KJ$，是一个虚拟的渗流流速，视为通过固体颗粒和空隙在内的整个岩层断面，因此它不同于地下水的实际流速 V'，V' 相应的过水断面面积为空隙面积 F'。由于 $F' = n\omega$（n 为空隙度），则

$$Q = V'F' = V'n\omega = V\omega \tag{3-11}$$

所以 $V'n = V$。由于空隙度 $n < 1$，因此，$V' > V$，即地下水的渗透流速永远小于地下水的实际流速。

达西定律为线性渗透定律，南京大学薛禹群编著的《地下水动力学》一书中，载明达西定律适用范围为雷诺数 $Re = 1 \sim 10$ 的层流运动。地下水流的雷诺数 Re 计算式为

$$Re = \frac{Vd}{\upsilon} \tag{3-12}$$

式中 V——渗透流速，m/d；

d——含水层颗粒的平均粒径，m；

υ——地下水运动黏滞系数，m^2/d。

大量野外实验证实：水力坡度在 $0.00005 \sim 0.05$ 变动时，达西定律都是成立的。由于自然界中地下水实际流速较小，一般为每日几厘米至几十厘米，因此各种砂层、砾石层，甚至卵石层、裂隙与溶隙中的渗流，在大多数情况下符合达西定律。在大的孔隙、裂隙、溶隙中，地下水的运动规律将偏离达西定律，呈现紊流状态，渗透流速与水力坡度不再是一次方的关系，而变成非线性关系。实际工程中除大的孔隙、裂隙和溶洞外，广泛采用达西定律，它是地下水水力计算和水资源评价中最重要的基础公式。

在地下水水力计算中，渗流场内各点的地下水运动要素（渗流量、渗流速度、地下水位等）不随时间而变化，只是空间位置的函数，称为稳定流；当地下水各运动要素不仅是空间位置的函数，而且随时间变化，称为非稳定流。地下水非稳定流计算是十分复杂的。严格地讲，自然界中的地下水都属于非稳定流，但当地下水的运动要素在某一时间段内变化不大，或地下水的补给、排泄条件随时间变化不大时，为便于研究和计算，可以近似按稳定流计算。

第四节 不同地貌地区地下水分布特征

地貌是指地球表面受内、外地质应力作用而产生的地形形态。内地质应力指地壳运动，使岩石变形和变位；外地质应力指风化、水流作用、滑坡、崩塌等。不同地貌类型其自然条

件、地层岩性、水文地质特征各不相同，形成的含水层类型、富水性、地下水的补给排泄条件、水质等也不同。修建地下水取水构筑物，必须搞清各类地貌地区地下水贮存、分布、补给、排泄规律、水质状况。以下介绍主要地貌区地下水分布特征。

一、山前倾斜平原区的地下水

山区河流中，洪水携带着大量不同粒径、不同滚圆度的物质，流出山口后，由于地形坡度减缓，流速降低，并由集中水流转为分散水流，其所携带的物质大量沉积下来，这种由山区集中的洪流流出山口堆积而形成的沉积物，称为洪积物，在地貌上形成由上游向下游倾斜的扇状或裙状的洪积扇，多个洪积扇互相连在一起组成洪积裙，从而形成了围绕山麓的山前倾斜平原。

洪积扇的物质组成，从山口到平原，由粗到细。在洪积扇的顶部，主要由砾石组成，至边缘，变为亚砂土、亚黏土和黏土，因此沉积物的透水性由强变弱，相应于沉积物的变化，按水文地质特征可划分为三个带，如图 3-7 所示。

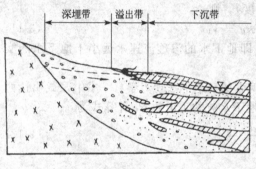

图 3-7 洪积扇中地下水分带示意图
1—基岩；2—砾石；3—砂；4—黏性土；
5—潜水水位；6—承压水位；7—潜水泉

1. 深埋带

此带也称补给径流带、溶滤带，位于洪积扇上部，地形坡度较大，含水层由较粗的卵石、砾石或砂砾石组成，透水性良好，因此，降水和来自山区的河水，大量入渗补给地下水，地下水类型为潜水，潜水埋深较深，故称为深埋带。此带地下水径流条件好，更新快，蒸发作用微弱，水的矿化度一般低于 1g/L，水质良好，水化学类型为重碳酸-钙型水；含水层厚度较大，地下水量丰富，可成为稳定可靠的地下水水源地。

2. 溢出带

又称浅埋带，位于洪积扇的中部。该带地形坡度逐渐变缓，沉积物颗粒变小，以中、细、粉砂为主，垂直方向出现有黏性土层夹层，由于受下游黏性土层的阻挡，地下水产生壅水现象，地下水位上升，加之地形坡度变缓，潜水埋藏深度变浅，潜水面接近地表，故称为潜水溢出带。黏性土夹层的存在，使此带地下水既有上部潜水层，也有下部承压水层。由于潜水蒸发，地下水矿化度增高，一般为 1~2g/L。水化学类型为重碳酸型水或硫酸重碳酸型水。从纵剖面上看，下部沉积物颗粒较粗，承压水受上游潜水径流补给，水质较好，可能成为较好的地下水水源地。

3. 下沉带

位于洪积扇的下游平原地区，沉积物颗粒细，以亚砂土、亚黏土为主，甚至出现黏土或淤泥。此带与上、中游的砂砾层形成犬牙交错的接合。此带潜水面埋藏有所加深，且水力坡度很小，径流条件差，潜水蒸发强烈，即潜水以垂直排泄为主，故又称垂直交替带。此带潜水矿化度增高，有的地区超过 3g/L，成为咸水区。此带深部承压水的水头较高，在人类活动影响之前，可形成较大面积的自流区。

二、河谷地区的地下水

山区河谷，如图 3-8（a）所示。沉积物颗粒粗大，以卵石、砾石和粗砂为主，透水性好，水质良好，但含水层厚度不大，分布范围小，地下水多为潜水，水位随季节变化大，很

水资源与取水工程

难成为具有一定规模的水源地。

平原河谷，位于河流中游，河谷逐渐开阔，冲刷和沉积都较强烈，一般发育成典型的河谷，如图3-8（b）所示。

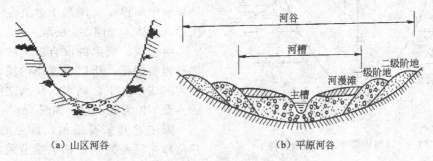

(a) 山区河谷   (b) 平原河谷

图 3-8   河谷地貌横断面示意图

河流断面枯水期水流占据的部分，称为主槽；位于主槽两侧，洪水季节被水淹没，中水时出露的滩地，称为河漫滩；河谷谷坡上洪水不能淹没的台阶状地形，称为阶地，由河床向上按顺序称为一级、二级、三级阶地等。

河漫滩和阶地顺河呈条带状分布，微向河床倾斜，为松散沉积物，地下水为孔隙水。河漫滩和阶地，特别是一级阶地，一般沉积物颗粒粗，透水性良好，有河流补给，亦可接受大气降水补给，地下水丰富，但含水层厚度不大，一般为几米至十几米，不适合打井，而适合采用渗渠开采地下水，通常可成为中、小型水源地。例如，兰州市位于黄河的二级阶地上，开发一级阶地上的地下水。

河谷地带地下水的矿化度介于地下水和河水之间，通常矿化度低，但浊度较高。

三、冲积平原中的地下水

冲积平原指由经常性水流堆积而成的平原。其上部是山前倾斜平原，下部是滨海平原。

因冲积平原一般地壳长期处于下降状态，下降和泥沙沉积双重作用的结果，使松散沉积物厚度巨大，例如，华北平原的第四纪松散沉积层厚度200～600m，平均厚度为400m，最厚者（鲁北平原）可达1300m。我国南方地区松散沉积物厚度相对要小些，一般只有20～60m，很少超过300m。

较厚的冲积平原由几十个甚至上百个沉积地层组成，不透水的黏性土层与砂层相间分布，在垂直方向上可以分成几个含水组。潜水含水层以粉、细砂为主，水平方向上可出现咸、淡水区相间分布。低洼地带，由于潜水蒸发，地下水积盐严重，形成咸水区。径流排泄强烈的潜水含水层，其水质一般为淡水，若水量丰富，可作为中小型水源地，但其水量随季节变化较大；承压含水层以中、细粉砂为主，含水量较大，且稳定，水质较好，是冲积平原中稳定可靠的水源地；古河道含水层颗粒较粗，含水条件好，一般水量丰富，水质良好且易于开采。

四、滨海平原的地下水

滨海平原地形特别平缓，坡降可小到万分之一。沉积物属于陆相和海相交错沉积地带，沉积物颗粒较细，含水层岩性以细砂、粉砂为主，富水性会比冲积平原差。地下水径流滞缓、盐分积聚，加之海水的影响，地下水矿化度高，水质为氯化物-钠型水，咸水分布广，深度大，所以，滨海平原地区的供水应注意寻找和开发深部承压水，但在开发这类含水层时，要预防由于水位下降而导致海水入侵。

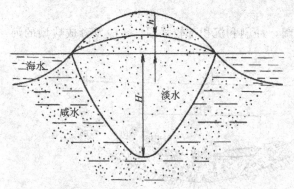

图 3-9　滨海砂岛中的淡水透镜体

在滨海地带的砂丘、砂带或砂岛上，砂层透水性好，大气降水大部分可渗入地下，形成局部淡水透镜体。所谓透镜体，指岩层中间厚，向两端不远处变薄以至消失的岩土体。如图 3-9 所示。

由于咸、淡水的混合、扩散在砂土中进行相当缓慢，所以密度小的淡水居于密度大的咸水之上，咸水与淡水之间有一定的界面，但无隔水层，如图 3-9 所示。

需注意开采要适量，以免海水入侵；井位和井深要控制在枯水季节咸淡水分界面的淡水一边。

五、黄土地区的地下水

在我国黄河流域中下游的甘肃、宁夏、陕西与山西等地，分布着巨厚的黄土层。华北、东北地区的山前丘陵和波状平原上，也有黄土分布。黄土是不同地貌单元上第四纪风成、洪积、冲积、湖积等多种成因的沉积物，以粉土颗粒为主，并发育有垂直的裂隙及孔洞、根管、虫穴等，故黄土又称大孔土。同时，由于这些垂直空隙的发育，使黄土在垂直方向上的渗透能力远较水平方向强，是一种非均质、各向异性的、含裂隙、孔隙水的含水地层。

黄土高原降水量较小（平均仅 400mm 左右），且降水多以集中的暴雨出现，不利于降水入渗，加之潜水埋深较大，最深可达一二百米，故有限的入渗水主要消耗于厚度很大的包气带，致使补给潜水的部分大为减少。故一般而言，黄土地区地下水源条件较差，较为缺水。

黄土中富存地下水的部位与黄土地貌、地质条件等密切相关。黄土高原上，纵横的沟壑将地形切割成无数块段，范围较大的高平地称作黄土塬，也称黄土平台。黄土塬由于表面较为宽阔平坦，有利于降水入渗及保持，则会形成比较丰富的潜水，可成为一定规模的供水水源。在黄土中常常夹有钙质结核层，如果分布面积较广，可形成相对的隔水层，因而可形成一定富水程度的上层滞水。而在隔水层之下，可形成局部承压水。

黄土中含有可溶盐较多，加之分布区降水稀少，因此黄土中地下水含盐量一般较高。

六、丘陵、山区基岩裂隙发育地区的地下水

坚硬岩石中的裂隙与松散沉积物中的孔隙相比，具有不均匀性、方向性及分段分带性。基岩地区寻找地下水，找蓄水构造是关键。所谓蓄水构造指由含水层（带）与隔水层构成的，能蓄集地下水的地质构造。坚硬岩石中的裂隙按其成因可分为：成岩裂隙、风化裂隙、构造裂隙，以下分述这些裂隙中以及褶皱构造裂隙中的地下水。

1. 成岩裂隙发育地区的地下水

成岩裂隙指岩石在成岩过程中形成的裂隙，也称原生裂隙。贮存在成岩裂隙中的地下水，称为成岩裂隙水。成岩裂隙水常见于侵入岩体与围岩的接触带。接触带成岩裂隙比较发育，特别是当围岩为脆性岩层，且补给来源充足时，就能形成水量较丰富的富水地段。岩浆沿地层裂缝上升冷凝后形成岩脉，在岩脉形成过程中岩脉本身及其与围岩接触带中可产生比较发育的裂隙，其中贮存地下水后，可成为局部小型的水源。成岩裂隙水可以是潜水，也可以是承压水。当成岩裂隙水含水层被其他隔水岩层覆盖时，便构成裂隙承压含水层。

此外，沉积岩在固结干缩成岩时，也会形成成岩裂隙，如干缩性黏土层，若具有一定的

厚度，可形成一定规模的潜水含水层。

2. 风化裂隙发育地区的地下水

长期暴露在地表的岩石，受气温、水溶液、生物等因素的影响，使岩石发生的变化，称为风化作用。由风化作用产生的裂隙，称为风化裂隙。由于岩石的风化、人工爆破等外力作用形成的裂隙，称为次生裂隙。贮存在风化裂隙中的地下水，称为风化裂隙水，如图3-10所示。

风化裂隙发育的程度与岩性、气候、地形等因素的影响有关。通常风化带从地表向地下依次分成全风化带、强风化带、弱风化带和微风化带。

图 3-10　风化裂隙水示意图

风化裂隙水埋藏在风化壳中，其下部为未风化岩石构成隔水底板。因此，风化裂隙水多为埋藏较浅的潜水，且成层分布，水力联系较好，具有统一的地下水面，接受大气降水补给，水质较好，多为低矿化度的重碳酸-钙型水；埋藏浅、易开采。

脆性粒状或结晶的岩石，如石英砂岩、花岗岩等，风化裂隙发育且开启性好，有利于地下水的贮存。泥质岩石虽易风化但开启性差且有泥质充填，风化裂隙水往往很少，或起隔水作用。

风化裂隙水的含水量与风化壳发育的厚度、风化程度有关。风化作用南方比北方强烈，南方风化裂隙水丰富些。例如，江苏赣榆县境内开采花岗片麻岩中的风化裂隙水。

3. 断裂构造发育地区的地下水

断裂构造包括构造裂隙和断层。

构造裂隙指由于地壳运动产生的裂隙。裂隙因受力不同，分为张性裂隙和压性裂隙。岩石所受应力为拉应力时，所形成的裂隙一般开启性好，为张性裂隙。张性裂隙一般分布范围较大，开口大，连通性好，致使裂隙中的水相互有一定的水力联系，因而通常具有统一的水面，常形成层状裂隙水。在岩层出露的浅部可形成潜水，在地下深处埋藏在隔水岩层之间便可形成承压水。张性裂隙一般延伸深度不是很大，并且随深度增加开口越来越小。

岩石受压导致的裂隙称为压性裂隙。压性裂隙分布范围广，延伸深度较大，但裂隙紧密，开启性差，有的被泥质物质充填，往往裂隙水不多，甚至起到隔水作用。

因此，张性裂隙，若有补给水源，可形成较大规模的富水带，在取水工程中具有重要意义。

断层指断裂面两侧岩体发生明显位移。断层通常伴生着断层破碎带，并且常常跨越不同时代、成因、岩性的地层，而两侧上下岩盘可作为隔水边界，当有充足补给水源时，可形成良好的贮水构造。张性断层（如正断层）破碎带疏松、裂隙发育，开启性良好，地下水富集；压性断层破碎带一般紧密、物质细小，透水性差，甚至起隔水作用；扭性断层裂隙带的富水性介于上述两者之间。当断层带与强含水层或地表水体相沟通时，能够提供远超过断层破碎带本身贮水能力的地下水，是理想的供水水源。

4. 褶皱构造地区的地下水

褶皱构造指在地质内力作用下，岩层产生的连续弯曲现象，包括背斜和向斜构造。

向上拱起的弯曲，两翼岩石相背倾斜，称为背斜构造，简称背斜。背斜核部受拉，造成张性裂隙发育，裂隙面粗糙，开启性好，有补给水源，可形成富水带。如图3-11（a）所示。倾伏背斜的倾没端，张性裂隙发育，有良好的富水条件，若地形低洼，有补给水源，就可形成富水带。背斜核部易受风化作用，在地形形态上常形成谷。

向下凹的弯曲，两翼岩石相向倾斜，称为向斜构造，简称向斜。向斜构造的核部因受到强烈的挤压力，岩层抗风化和水流的侵蚀作用很强，在地形形态上往往形成高山。向斜在其轴部也受到一定的拉力，也可产生发育程度不同的张性裂隙，如图3-11（b）所示，有补给水源时，则形成富水部位。例如，图3-4为向斜承压水盆地，可作为稳定水源。

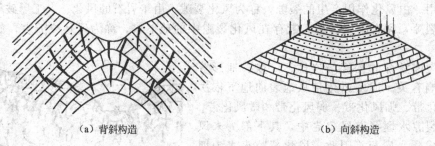

（a）背斜构造　　　　　　　　　　　　　（b）向斜构造

图 3-11　褶皱构造富水示意图

七、岩溶地区的地下水

贮存于可溶性岩层的溶隙和溶蚀洞穴中的地下水称为岩溶水，也称为喀斯特水（得名于南斯拉夫的石灰岩山名）。

可溶性岩石有石灰岩、白云岩等，其岩溶的发育受可溶性岩石的岩性和地下水流动状况的控制。例如石灰岩，主要成分是$CaCO_3$，其在纯水中溶解度很小，只有当水中含有一定量的CO_2时，才发生明显的溶蚀作用。我国南方地区的溶隙比北方地区要发育得多。岩溶水就其埋藏条件而言，可以是上层滞水、潜水、承压水。岩溶水具有如下特征。

（1）分布极不均匀。如细小闭合的溶隙，在岩溶发育过程中改变不大，富水极少，甚至无水；而水流通畅的溶隙，通过水量多，溶蚀作用强，溶隙扩展，则可能形成水量极为丰富的地下水，甚至形成地下暗河和地下湖。

（2）降雨入渗补给量大。我国南方的岩溶地区，降水入渗量可达降水的80%，北方岩溶地区，一般40%～50%。

（3）以集中径流和排泄为主，水位、流量变幅大。我国许多有名的大泉，多数是这类岩溶泉。在岩溶地下水地区，查明地下水排泄口和排泄量比较重要。岩溶地区地下水资源量的计算和评价，就是借助其排泄量来进行的。

（4）水质多为重碳酸-钙型水，矿化度一般在1g/L以下，是理想的生活饮用水水源。

（5）岩溶水的常见富水地带：厚层纯灰岩分布区；褶皱轴部及倾没端；断层破碎带；可溶岩与非可溶岩接触带，如济南市区趵突泉群；岩溶水排泄区等。

第五节　供水水文地质勘察

一、概述

为寻找地下水源而开展的各项工作，称为供水水文地质勘察和水源勘察。

供水水文地质勘察工作划分为地下水普查、详查、勘探和开采四个阶段。不同勘察阶段工作的成果，相应的工作任务和精度要求不同。

（1）普查阶段：概略评价区域或需水地区的水文地质条件，提出有、无满足设计所需地下水水量可能性的资料。对可能富水地段估算地下水允许开采量，为设计前期的城镇规划，建设项目的总体设计或厂址选择提供依据。

（2）详查阶段：应在几个可能的富水地段基本查明水文地质条件，初步评价地下水资源，进行水源地方案比较。初步计算地下水允许开采量，为水源地初步设计提供依据。

（3）勘探阶段：查明拟建水源地范围的水文地质条件，进一步评价地下水资源，提出合理开采方案。确定地下水允许开采量，为水源地施工图设计提供依据。

（4）开采阶段：查明水源地扩大开采的可能性，或研究水量减少，水质恶化和不良环境工程地质现象等发生的原因。在开采动态或专门试验研究的基础上，对地下水允许开采量进行系统的多年均衡计算和评价，为合理开采和保护地下水资源，为水源地的改、扩建设计提供依据。

供水水文地质勘察技术工作包括：水文地质测绘，地球物理勘探（物探）、钻探，抽水试验，地下水动态观测，水文地质参数计算和地下水资源评价等。

二、水文地质测绘

水文地质测绘是指对工作区进行地貌调查、地层调查、地质构造调查、泉与水井等调查，并将调查与实测资料绘制水文地质图等工作的总称。

（1）地貌调查，包括地貌的形态、成因类型；地形、地貌与含水层的分布及地下水的埋藏、补给、径流、排泄关系等。

（2）地层调查，包括地层的产状、厚度及分布范围等；不同地层的透水性、富水性及其变化规律等。所谓产状，指岩层层面的空间状态，包括走向、倾向、倾角。

（3）地质构造调查，包括褶皱的类型，轴的位置、长度及延伸和倾伏方向；两翼和核部地层的产状、裂隙发育特征及富水地段的位置；断层的位置、类型、规模、产状等；断层带充填物的性质和胶结情况；断层带的含水性和富水地段的位置；等等。

（4）泉的调查，包括泉的出露条件、成因类型和补给来源；泉的流量、水质等；若有供水意义时，应设观测站进行动态观测。

此外，还要进行已有水井调查；地表水水量、水位等调查；地下水水质调查等。

（5）绘制水文地质图和撰写调查报告。水文地质图是指反映一个地区地下水分布和特征的地质图。在各项调查、观测的基础上，应将全部实测资料绘制和反映在水文地质图上，并撰写调查报告。

三、水文地质勘探

为深入了解地层深部的水文地质条件，必须在水文地质测绘的基础上进行水文地质勘探工作。水文地质勘探手段主要有地球物理勘探（物探）和钻探。

1. 物探

岩石具有一定的物理性质，如导电性、电磁性、放射性等。地球物理勘探就是指使用物探仪器测定地下岩土的物理参数，并以此推断地下岩土层的性质、构造、水文地质特性的方法。地球物理勘探简称物探。

物探方法很多，如磁法、重力法、电法、放射性勘探等方法。在地下水勘察中，采用较多的是电法勘探（简称电法），电法又以直流电法中电阻率法、自然电位法应用最广。电法勘探又分为地面电法和电法测井（地下电法）。

在找水技术中，电阻率法得到了广泛的应用，简介其原理。

电阻率指与岩体的电阻成正比的参数，单位为 $\Omega \cdot m$。电阻率法是通过测定岩层不同深度的电阻率，判断岩性、咸淡水的方法。各种岩层、咸、淡水的电阻率取值范围是已知的。一般而言，淡水电阻率人，而咸水电阻率小；粗颗粒电阻率大，而细颗粒电阻率小；坚硬岩石的电阻率高于松散物质和水的电阻率。基于这些特性，采用电法，则可以判断岩石的性质、水文地质特性。对于平原地区，松散沉积物颗粒越小，电阻率越低；又由于矿化度越高，电阻率越低。因此，平原找粗颗粒且富集淡水的含水层，就是要找高电阻率地带，高电阻率意味着地下水矿化度低或岩土颗粒粗，富水条件好。山丘区，坚硬致密的基岩，电阻率很大，由于水的电阻率相对坚硬岩石的要低些，当某一地带电阻率低时，说明裂隙发育，含水丰富。因此，山区要找电阻率低的地带。

采用物探方法，可探测下列内容：

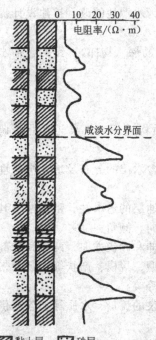

图 3-12　松散沉积物地层电阻率曲线示意图

黏土层　砂层

亚砂层　礓石层

（1）覆盖层的厚度、隐伏的古河床和掩埋的冲洪积扇的位置。

（2）断层、裂隙带、岩脉等的产状和位置，含水层的宽度和厚度。

（3）地质剖面。

（4）地下水的水位、流向和渗透速度。

（5）地下水咸水、淡水的分布范围。

（6）暗河的位置和隐伏岩溶的分布，等等。

物探仪器先进轻便，易于掌握操作，探测深度大，生产效率高，成本低，在生产实践中广泛应用。但物探方法是间接测量方法，干扰因素较多，解释结果具有多解性，以致影响其探测精度。例如图 3-12 所示为松散沉积物地层电阻率曲线，礓石层也为高阻地带，出现了解释结果的多解性。因此，在水文地质条件中等以上复杂的地区宜采用两种以上的物探方法，以相互验证，得到准确结论。此外，还应有一定量的钻探资料来校核。

2. 钻探

钻探是用钻机向地下钻孔的工作过程。利用钻探可以从井孔内取出岩心，进行观测和试验，更直接而准确地了解地下深部的地层岩性、层位、含水层的性质、埋藏深度、厚度、分布情况；利用钻孔可以做物探测井和孔内电视摄像，查明地下地质现象、破碎带、裂隙和断层，以及测定地下水水位、地下水矿化度和咸、淡水分界面，也可采集水样，经化验分析确定地下水水质及化学类型；利用钻孔进行抽水试验、注水试验，从而确定含水层的富水性和水文地质参数，例如，渗透系数、给水度、影响半径等；地下水动态的长期观测工作亦多是通过钻孔进行的。

钻探可以获得准确可靠的水文地质资料，是其他勘察手段不可能替代的，所以水文地质勘察必须按规范要求做一定量的钻探工作。但钻探工作成本高，施工时间长，所以必须是在满足水文地质勘探要求的条件下，做到使钻探工作量尽量少，并且应尽量做到与不同勘察手段相结合。

四、抽水试验

抽水试验是用水泵、空压机、量水桶等抽水设备及测量工具，从井内抽取一定的水量，同时观测井内的水位降落深度，称为水位降深，进而研究出水量与水位降深的关系或确定水文地质参数等内容的一种试验。通过抽水试验可以做以下工作：

（1）测定钻井的实际出水量，为选择安装抽水设备提出依据；推算管井的最大出水量与单位出水量；

（2）确定含水层的水文地质参数，以便进行地下水资源评价和取水构筑物的设计；

（3）了解含水层之间的水力联系、地表水与地下水之间的水力联系；

（4）确定抽水影响范围及其扩展情况，确定合理的井距。

抽水试验的类型很多，有单井抽水、带观测孔的多井抽水、井群互阻抽水、分层抽水、稳定流抽水和非稳定流抽水以及开采抽水试验等，需根据抽水试验的目的、任务和水文地质条件而定。

对于稳定流抽水试验，要求如下。

抽水试验的最大出水量一般应达到或超过设计出水量，如设备条件所限，也不应小于设计出水量的75%。抽水试验时，水位下降次数一般为3次，其中最大降深可接近孔内的设计动水位，其余2次下降宜分别为最大值的1/3和2/3。在抽水稳定延续时间内，出水量稳定标准、抽水试验动水位稳定标准以及动水位和出水量观测的时间间隔等均应符合《供水水文地质勘察规范》（GB 50027—2001）的要求。抽水试验的稳定延续时间，卵石、圆砾和粗砂含水层为8h；中砂、细砂和粉砂含水层为16h；基岩含水层（带）为24h。

抽水试验过程中，必须认真观测和记录有关数据。还应在现场及时进行资料整理工作，例如绘制出水量与水位降深关系曲线、水位、出水量与时间关系曲线以及水位恢复曲线等，以便发现问题及时处理。抽水试验完毕后，应及时详细整理资料，计算各种水文地质参数，对井的水质、水量、出水能力做出适当的评价。

五、水文地质勘察报告的撰写和水文地质图的绘制

在以上各项勘察工作的基础上，要撰写出水文地质勘察报告，它是水文地质勘察工作全部成果的集中表现，是综合性的技术文件。同时，要绘制水文地质图件；例如，等水位线图，地下水埋深图，含水层分布图，富水程度图，地下水矿化度图，地下水化学类型图，地下水开采条件图以及综合水文地质图，等等。

思考题与技能训练题

1. 何谓重力水？

2. 解释术语：持水度、给水度、渗透系数。

3. 一般情况下，松散沉积物颗粒由细到粗，孔隙率、持水度、给水度、渗透系数如何变化？

4. 什么叫含水层？构成含水层必须具备哪些条件？

5. 什么是潜水、承压水？各有哪些特征？

6. 达西定律是如何描述地下水运动基本规律的？并说明其适用条件。

7. 达西定律中的渗透流速是否是含水层中地下水的真实流速？它们在物理概念上有何区别？

8. 为什么低洼地带潜水一般为咸水？

9. 平原河谷地区哪些部位富存较好水质的地下水？

10. 简述冲积平原含水层特征、水质特点。

11. 试列举冲积平原富含淡水的地带。

12. 对基岩地区，试列举几个具有较好贮水条件的蓄水构造，并说明理由。

13. 水文地质勘探有哪些方法？

14. 解释术语：物探、钻探、抽水试验。

15. 某地区承压水等水压线图见图 3-13。试确定：图中 C 点的承压水位埋深、承压水头、含水层顶板埋深。

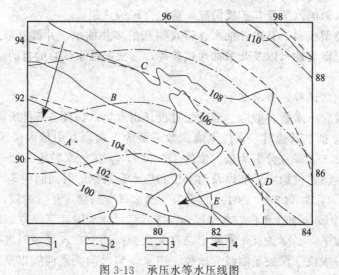

图 3-13　承压水等水压线图

1—地形等高线；2—含水层顶板等高线；3—等水压线；4—地下水流向

第四章
水资源的计算与评价

学习指南

水资源评价包括水资源数量评价、水资源质量评价、水资源利用评价、综合评价。本章重点介绍水资源数量评价、水资源质量评价。涉及的规范主要有：《水资源评价导则》（SL/T 238）、《地表水资源质量评价技术规程》（SL 395）、《地下水资源勘察规范》（SL 454）、《地下水质量标准》（GB/T 14848）、《地表水环境质量标准》（GB 3838）、《生活饮用水卫生标准》（GB 5749）、《水利水电工程水文计算规范》（SL 278）等。学习目标如下。

（1）能够熟练表述及应用下列术语或基本概念：区域水资源、地表水资源、地下水资源、均值、变差系数、极值比、地表水资源可利用量、地下水的各项补给量、排泄量、容积贮存量、弹性贮存量、地下水可开采量、水质指标、水质指标的标准值等。

（2）能够计算区域年降水量与年径流量的均值、变差系数。

（3）能够计算不同频率的年降水量、年径流量。

（4）能够结合区域资料情况，采用适当的方法计算地表水资源量。

（5）能够正确确定有关参数，计算地下水资源的各项补给量、排泄量、可开采量等。

（6）能够正确判断地表与地下水资源的重复水量以及计算水资源总量。

（7）会用污染指数法和直接评分法进行水质评价。

（8）能够正确使用有关规范进行地表水水质评价、地下水水质评价。

（9）熟知水资源开发新理念的有关应用。

第一节 概 述

水资源评价是指对水资源数量、质量、时空分布特征、开发利用条件的分析评定。包括水资源数量评价、水资源质量评价、水资源利用评价、综合评价。

水资源评价按江河水系的地域分布进行流域分区。全国性水资源评价要求进行一级流域分区和二级流域分区；区域性水资源评价可在二级流域分区的基础上，进一步分出三级流域分区和四级流域分区。

水资源评价还应按行政区划进行行政分区。全国性水资源评价的行政分区要求按省（自治区、直辖市）和地区（市、自治州、盟）两级划分；区域性水资源评价的行政分区可按省（自治区、直辖市）、地区（市、自治州、盟）和县（市、自治县、旗、区）二级划分。在分区的基础上，可根据评价的特点与具体要求，再划分计算区或评价单元。

本教材将水资源评价流域分区、行政分区或评价单元统称为区域，主要介绍区域水资源数量评价、水资源质量评价。

区域水资源总量，也称为当地水资源或自产水资源，是指当地降水所产生的地表、地下产水量，即地表径流量与降水入渗补给量之和。目前存在两种计算方法，一是直接法，基本计算式为：

$$W = R_S + U_P \tag{4-1}$$

式中　W——水资源总量，m^3；

R_S——地表径流量（即河川径流量与河川基流量之差），m^3；

U_P——降水入渗补给量，m^3。

二是间接法，该法将地表水资源用河川径流量表示；地下水资源为某一区域内浅层地下水的总补给量。因此间接法计算区域水资源总量的基本计算式为：

$$W = R + W_下 - W_重 \tag{4-2}$$

式中　R——河川径流量，m^3；

$W_下$——地下水资源量，m^3；

$W_重$——重复水量，m^3。

我国在水资源评价中广泛使用间接法。本教材将在此基础上介绍区域水资源总量的计算。

需要指出，区域水资源的定义强调了地表、地下水的动态水量。地下水资源只计算浅层地下水的补给量，这是由于这部分水量直接参与以年为周期的水文循环，每年可以得到恢复和更新。而深层地下水，一旦开采，恢复和更新缓慢，故在区域水资源评价时不计入区域水资源总量中。

第二节　地表水资源量计算与评价

大气降水是水资源的总补给源，因此，在水资源计算中，必须计算降水量。此外，也需计算蒸发量，关于蒸发量的计算可参阅有关书籍。

一、降水量计算

降水量计算的主要内容如下。

（1）根据区域各雨量站同期的 n 年降水量资料系列，采用算术平均法或泰森多边形法等方法，计算区域平均年降水量系列；当缺乏各雨量站同期的 n 年降水量资料系列时，可在区域内选择年、月降水量资料系列较长、代表性较好的雨量站作为代表站。

（2）计算区域平均年降水量系列（或代表站）的统计参数，常用的统计参数有均值、变差系数、极值比。

① 均值，即多年平均年降水量 $\overline{H}$，计算式为：

$$\overline{H} = \frac{H_1 + H_2 + \cdots + H_n}{n} = \frac{1}{n}\sum_{i=1}^{n} H_i \tag{4-3}$$

式中　H_i——第 i 年的区域平均（或代表站）的年降水量，$i=1,2,\cdots,n$，mm；

n——资料年数。

均值反映了年降水量的多年平均情况，一定程度上反映了该区域水资源的丰枯程度。

② 变差系数 C_v，其定义为均方差与均值之比，计算式为：

$$C_v = \frac{s}{\overline{H}} = \sqrt{\frac{\sum_{i=1}^{n}(H_i - \overline{H})^2}{n-1}} / \overline{H} \tag{4-4}$$

式中　s——区域平均年降水量系列的均方差，mm。

其他符号同前。

变差系数反映了年降水量的年际变化。变差系数越大，表明年降水量的年际变化越大，越不利于水资源的开发利用。例如，华北地区一般年降水量的变差系数 $C_v = 0.25 \sim 0.35$；南方湿润地区中的大部分地区 C_v 一般在 0.2 以下。

③ 年降水量的极值比 K_a，即最大年降水量与最小年降水量之比。极值比也反映了年降水量的年际变化。

（3）对区域平均（或代表站）的年降水量系列频率计算，推求不同频率的年降水量（即设计年降水量），具体方法采用频率计算法，详见第二章。一般由 $P = 20\%$、50%、75%、95% 分别反映偏丰年、平水年、偏枯水年、特枯水年的情况。

（4）对代表站，计算多年平均连续最大 4 个月降水量占多年平均年降水量的百分率及其发生月份，以此反映多年平均情况下年降水量的年内变化规律。我国水资源评价计算结果表明，我国连续最大四个月的降水量占年降水量一般为 72%～82%，降雨的年内变化很不均匀。

（5）对代表站，在实测系列中找出经验频率与丰平枯代表年的频率接近的年份，称为典型年，计算典型年各月降水量占年降水量的百分比，由此反映不同频率典型年的年降水量的年内变化规律。

二、区域地表水资源的计算与评价

前以叙及，采用间接法，区域地表水资源量即为该区域的河川径流量，理解这一点，是进行以下计算的前提。

（一）区域地表水资源数量计算

用多年平均年径流量及不同频率的年径流量（即设计年径流量）来反映区域地表水资源数量。随着统计实测资料年数的增加，多年平均年径流量，即年径流量的均值将趋于一个稳定的数值，此值称为正常年径流量。正常年径流量反映了在天然情况下区域地表水资源量的理论数量。推求多年平均年径流量或不同频率的年径流量，常用代表站法、等值线图法。

1. 代表站法

若区域内具有资料质量较好、观测系列较长的水文站，应将其作为代表站。各河流的控制性测站为必须选用站。收集代表站的年径流量系列，则可计算年径流量的统计参数及不同频率的设计年径流量。

在代表站的年径流量均值、不同频率的设计年径流量基础上，即可计算区域年径流量均值、不同频率的设计年径流量：

$$W_{区} = \frac{F_{区}}{F_{代}} W_{代} \tag{4-5}$$

式中　$W_{区}$——研究区域的多年平均年径流量或不同频率的设计年径流量，m^3；

　　　$W_{代}$——代表站控制流域范围的多年平均年径流量或不同频率的设计年径流量，m^3；

　　　$F_{区}$、$F_{代}$——研究区域和代表站的面积，km^2。

式（4-5）适用于研究区域与代表站所控制的流域面积相差不大，自然地理条件相近的情况。

图 4-1　计算区域与流域示意图
———分水线；▲水文站；
—·—·—计算区域界线

【案例 4-1】 某计算区域与流域示意图如图 4-1 所示，自然地理条件相近。计算区域面积 2400km²，代表站控制的流域面积 2000km²，根据水文站观测资料计算流域多年平均流量为 10m³/s。试推求该计算区域的多年平均年径流量。

解： 由该代表站的多年平均流量 10m³/s，可得多年平均年径流量为：

$$W_代 = Q_代 \times 365 \times 24 \times 3600 = 10 \times 31.536 \times 10^6 = 3.1536 \times 10^8 \text{m}^3$$

根据式（4-5），得：

$$W_区 = \frac{F_区}{F_代} W_代 = \frac{2400}{2000} \times 3.1536 \times 10^8$$
$$= 3.7843 \times 10^8 \text{m}^3$$

若研究区域的多年平均年降水量与代表站的流域面积上的多年平均年降水量差异较大，需用降水量进行修正：

$$W_区 = \frac{F_区}{F_代} \frac{\overline{H}_区}{\overline{H}_代} W_代 \tag{4-6}$$

式中　$\overline{H}_区$，$\overline{H}_代$——研究区域和代表站控制面积内的多年平均年降水量，mm。

2. 等值线图法

当研究区域无代表站或缺乏年径流量系列时，采用等值线图法。闭合流域年径流量的影响因素是降水和蒸发，而降水量和蒸发量具有地理分布规律，所以年径流深也具有地理分布规律，因而可以绘成等值线图。我国各省、各地区已有年径流深均值的等值线图，利用该图可确定研究区域的多年平均年径流深。具体方法是首先在图上勾绘出研究区域的范围，然后采用式（4-7）计算区域多年平均年径流深 $\overline{R}$（即均值）：

$$\overline{R} = \frac{1}{F} \sum_{i=1}^{n} \frac{1}{2}(R_i + R_{i+1})f_i = \frac{1}{F} \sum_{i=1}^{n} \overline{R}_i f_i \tag{4-7}$$

式中　R_i，R_{i+1}——区域内第 i 条、第 $i+1$ 条等值线的径流深，mm；

　　　f_i——区域内相邻两条等值线间的面积，km²；

　　　$\overline{R}_i$——相邻两条等值线间的平均径流深，mm；

　　　n——区域内相邻两条等值线间面积的数目；

　　　F——区域面积，km²，$F = \sum f_i$。

如果计算区域面积小且等值线分布均匀，则可用区域形心处的年径流深的数值作为该区域的多年平均年径流深。

我国各地区也有年径流深变差系数的等值线图、偏态系数的分区值，据此可确定研究区域的年径流深变差系数、偏态系数，有了均值、变差系数、偏态系数这三个统计参数，采用皮尔逊Ⅲ型分布的计算表，则可计算指定频率的设计年径流量。

（二）区域地表水资源年际年内变化规律

地表水资源的年际变化主要是通过年径流量的变差系数、极值比描述。

区域地表水资源年内变化规律，也称为年内分配，即地表水资源量在一年内的变化过程。

受气候和下垫面因素的综合影响，不同年份河川径流的年内分配是不同的，需分别给出多年平均或丰、平、枯等不同典型年的逐月的河川径流量，为水资源的开发利用提供必要的依据。设计年径流量在一年的分配过程称为设计年内分配。

上述已求得设计年径流量 W_p，推求其设计年内分配的方法如下。

（1）在实测资料中选择年水量接近 W_p，且年内分配不均匀的典型年，其年径流量记 W_d。

（2）求出设计年径流量 W_p 与典型年的年径流量 W_d 之比值，即

$$K = W_p/W_d \qquad\qquad (4\text{-}8)$$

用 K 乘典型年的逐月流量，即得设计年内分配。

推求多年平均年径流量的年内分配的方法与上述方法类似。

三、入境、出境水量分析

（一）入境水量计算

由于区域并不一定闭合，可能有一条或多条河流穿越本区，带来客水，称之为入境水量。一般情况下，入境断面缺乏实测径流资料。因此，入境水量的分析就是根据入境边界处附近代表站的实测径流资料采用一定的方法换算为入境断面的逐年水量，并分析其年际变化。当入境断面流域面积与其附近代表站控制的面积相差较小时，也可采用面积比法根据代表站的年径流量系列，推求区域逐年入境水量，进而推求多年平均入境水量。

与前述类似，可用变差系数、极值比来反映入境水量的年际变化规律。

（二）出境水量计算

区域的入境水量和当地产水量，经本区开发利用、损失消耗后流出区外（或境外），即为出境水量。出境水量的确定与入境水量的确定方法类似，不再赘述。

四、地表水资源可利用量估算

地表水资源可利用量是指在经济合理、技术可能及满足河道内用水并顾及下游用水的前提下，通过蓄、引、提等地表水工程措施可能控制利用的河道外一次性最大水量（不包括回归水的重复利用）。

某一区域的地表水资源可利用量，不应大于当地河川径流量与入境水量之和再扣除相邻地区分水协议规定的出境水量以及当地的损失水量（如水面蒸发等）。

各分区地表水资源可利用量的计算，可通过计算蓄、引、提等工程的调蓄水量、引提水量求得。一般是对多年平均或指定频率的典型年分别计算其地表水资源可利用量。

第三节　地下水资源量计算与评价

根据《水资源评价导则》要求，地下水资源评价分区进行，平原区地下水资源数量评价应分别计算补给量、排泄量和允许开采量；山丘区地下水资源量评价可只计算排泄量。《地下水资源勘察规范》（SL 454—2010）指出，水源地地下水资源量评价应分别计算补给量和允许开采量，必要时计算储存量。

一、平原区地下水资源数量计算

（一）补给量的计算

地下水补给量包括降水入渗补给量、地表水体入渗补给量、灌溉水入渗补给量、侧向补

给量、越流补给量、人工回灌补给量及井灌回归量等。各项补给量之和为总补给量，总补给量扣除井灌回归补量为地下水资源量。

1. 降水入渗补给量

降水入渗到包气带后，在重力作用下入渗补给地下水的水量，称为降水入渗补给量。降水入渗补量在平原区地下水资源量中，占有较大的比重，其计算公式为：

$$U_P = \alpha 1000 HF \tag{4-9}$$

式中　U_P——大气降水入渗补给量，m^3；

　　　α——降水入渗补给系数，$\alpha < 1$，无量纲；

　　　H——计算区域范围内的年降水量，mm；

　　　F——计算区域面积，km^2；

　　1000——单位换算系数。

降水入渗补给系数 α 值与地形地貌、土壤岩性、年降水量、地下水埋深等因素有关。《水利水电工程水文计算规范》（SL 278—2002）中给出了该值的分析成果，见表 4-1。

表 4-1　不同岩性和降水量的平均年降水入渗补给系数 α 值

平均年降水量/mm	平均年 α 值				
	黏土	亚黏土	亚砂土	粉细砂	砂卵砾石
50	0~0.02	0.01~0.05	0.02~0.07	0.05~0.11	0.08~0.12
100	0.01~0.03	0.02~0.06	0.04~0.09	0.07~0.13	0.10~0.15
200	0.03~0.05	0.04~0.10	0.07~0.13	0.10~0.17	0.15~0.21
400	0.05~0.11	0.08~0.15	0.12~0.20	0.15~0.23	0.22~0.30
600	0.08~0.14	0.11~0.20	0.15~0.24	0.20~0.29	0.26~0.36
800	0.09~0.15	0.13~0.23	0.17~0.26	0.22~0.31	0.28~0.38
1000	0.08~0.15	0.14~0.23	0.18~0.26	0.22~0.31	0.28~0.38
1200	0.07~0.14	0.13~0.21	0.17~0.25	0.21~0.29	0.27~0.37
1500	0.06~0.12	0.11~0.18	0.15~0.22		
1800	0.05~0.10	0.09~0.15	0.13~0.19		

注：东北黄土平均年 α 值与表中亚黏土平均年 α 值相近；陕北黄土有裂隙发育，其平均年 α 值与表中亚砂土平均年 α 值相近。

2. 地表水体入渗补给量

当地表水体（河流、湖泊等）的水位高于地下水位时，地表水体入渗补给地下水的水量，称为地表水体入渗补给量。以下介绍河（渠）入渗补给量。

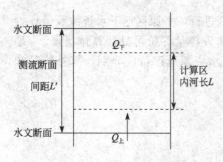

图 4-2　河流入渗补给量计算示意图

方法一：水文分析法。该法适用于河（渠）双侧补给地下水，且计算河段附近有水文站实测流量资料的情况。

如图 4-2 所示，设计算区域内河长 L、河（渠）入渗补给量为 Q_{hb}。设水文测站两个测验断面之间的长度为 L'（L' 可能大于也可能小于 L），其上、下游断面实测流量分别为 $Q_上$，Q_F，河长 L' 相应的地表水体入渗补给量 Q'_{hb}。依据水量平衡原理可导出：

$$Q'_{hb} = (Q_上 - Q_F)(1 - \lambda) \tag{4-10}$$

λ 为河流水面蒸发及两岸浸润带潜水蒸发量之和与 $Q_\text{上}-Q_\text{下}$ 的比值，称为修正系数，一般黏土质河道取 0.45，中、细砂质河道取 0.25，砂、砾石河道取 0.15。

因此，计算区内河长 L 范围的河（渠）入渗补给量为

$$Q_\text{hb} = (Q_\text{上} - Q_\text{下})(1-\lambda)\frac{L}{L'} \tag{4-11}$$

一般要求 $L'>1000\text{m}$，以便避免 $Q_\text{上}$、$Q_\text{下}$ 相差不大且存在测验误差，而导致 $Q_\text{上}-Q_\text{下}$ 可能出现负值。

若测验河段有区间入流 $Q_\text{区入}$、区间引出水量 $Q_\text{区出}$，则

$$Q_\text{hb} = (Q_\text{上} - Q_\text{下} + Q_\text{区入} - Q_\text{区出})(1-\lambda)\frac{L}{L'} \tag{4-12}$$

方法二：渗流剖面法。当河（渠）两岸有钻孔资料时，可采用渗流剖面法，即沿河岸切割渗流剖面，根据钻孔水位和河水位确定垂直于渗流剖面的水力坡度，采用达西公式计算通过该剖面的水量，即为河水对地下水的补给量。

3. 渠灌水入渗补给量

渠灌水进入田间后，经过包气带下渗补给地下水的水量，称为渠灌水入渗补给量，其计算公式为：

$$Q_\text{qb} = \beta Q_\text{田} \tag{4-13}$$

式中　Q_qb——渠灌水入渗补给量，m^3；

　　　β——渠灌水入渗补给系数；

　　　$Q_\text{田}$——渠灌进入田间的水量 m^3。

渠灌水入渗补给系数 β 随灌水定额、田间土质和地下水埋深不同而不同，《水利水电工程水文计算规范》（SL 278—2002）中给出了该值的分析成果，见表 4-2。

表 4-2　不同岩性、地下水埋深、灌水定额的渠灌入渗补给系数 β 值

地下水埋深 /m	灌水定额 /(m³/亩)	岩性		
		亚黏土	亚砂土	粉细砂
<4	40～70	0.10～0.17	0.10～0.20	
	70～100	0.10～0.20	0.15～0.25	0.20～0.35
	>100	0.10～0.25	0.20～0.30	0.25～0.40
4～8	40～70	0.05～0.10	0.05～0.15	
	70～100	0.05～0.15	0.05～0.20	0.05～0.25
	>100	0.10～0.20	0.10～0.25	0.10～0.30
>8	40～70	0.05	0.05	0.05～0.10
	70～100	0.05～0.10	0.05～0.10	0.05～0.20
	>100	0.05～0.15	0.10～0.20	0.05～0.20

4. 渠系渗漏补给量

当灌溉渠道中渠水位高于地下水位时，渠系水渗漏补给地下水的水量，称为渠系渗漏补给量，其计算公式为

$$Q_\text{qx} = mQ_\text{渠首} \tag{4-14}$$

或

$$Q_\text{qx} = \gamma(1-\eta)Q_\text{渠首} \tag{4-15}$$

式中　Q_qx——渠系渗漏补给量，m^3；

m——渠系渗漏补给系数；

$Q_{渠首}$——渠首引水量，m³；

γ——修正系数；

η——渠系水有效利用系数。

渠首引水量应根据灌区实际情况确定。《水利水电工程水文计算规范》（SL 278—2002）中给出了系数 m、γ、η 的经验值，见表4-3。

表4-3　不同渠床衬砌、岩性和地下水埋深情况的 η、γ、m

分区	衬砌情况	渠床下岩性	地下水埋深/m	渠系水有效利用系数 η	修正系数 γ	渠系渗漏补给系数 m
长江以南地区和内陆河流域农业灌溉区	未衬砌	亚黏土、亚砂土	<4	0.30~0.60	0.55~0.90	0.22~0.60
	部分衬砌		<4	0.45~0.80	0.35~0.85	0.19~0.50
			>4	0.40~0.70	0.30~0.80	0.18~0.45
	衬砌		<4	0.50~0.80	0.35~0.85	0.17~0.45
			>4	0.45~0.80	0.35~0.80	0.16~0.45
半干旱半湿润地区	未衬砌	亚黏土	<4	0.55	0.32	0.144
		亚砂土		0.40~0.50	0.35~0.50	0.18~0.30
		亚黏、亚砂土		0.40~0.55	0.32	0.14~0.30
	部分衬砌	亚黏土	>4	0.55~0.73	0.32	0.09~0.14
			>4	0.55~0.70	0.30	0.09~0.14
		亚砂土	<4	0.55~0.68	0.37	0.12~0.17
			>4	0.52~0.73	0.35	0.10~0.17
		亚黏、亚砂土		0.55~0.73	0.32~0.40	0.09~0.17
	衬砌	亚黏土	<4	0.65~0.88	0.32	0.04~0.11
		亚砂土		0.57~0.73	0.37	0.10~0.16

5. 井灌回归补给量

井灌水，进入田间（包括井水输水渠道）后，经过包气带下渗补给地下水的水量，称为井灌回归补给量。井灌回归补给量虽属地下水补给量，但由于其为地下水的重复量，故将其区别于渠灌入渗补给量，单独计算，其计算公式为：

$$Q_{jb} = \beta_{井} \, Q_{井} \tag{4-16}$$

式中　Q_{jb}——井灌回归补给量，m³；

$\beta_{井}$——井灌回归补给系数；

$Q_{井}$——井的实际开采量，m³。

井灌回归补给系数 $\beta_{井}$ 的确定，一般采用表4-2中渠灌入渗补给系数 β 的下限值。

6. 地下水侧向补给量

上游的地下径流流入计算区域补给地下水的水量，称为地下水侧向补给量。计算区域的潜水等水位线图、侧向补给边界处的地下剖面，分别如图4-3（a）、（b）所示。根据达西渗流公式，得地下水侧向补给量的计算式为

$$Q_{cb} = KJhB \tag{4-17}$$

式中　Q_{cb}——计算区域侧向补给量，m³/d；

K——含水层渗透系数，m/d；

J——计算区域补给边界处地下水水力坡度，无因次；

h——计算区域上游补给边界处地下水含水层厚度，m；

B——计算区域上游补给边界处地下水含水层过流断面宽度，m。

7. 越流补给量

在水头差作用下，相邻含水层通过上覆或下卧的弱透水层产生的垂直渗透补给，称为越流补给量。某区域承压含水层对潜水含水层越流补给，如图4-4所示。越流补给量可按达西渗流公式计算：

$$Q_{vb} = K' \frac{\Delta h}{m'} F \tag{4-18}$$

式中　Q_{vb}——越流补给量，m^3/d；

　　　K'——弱透水层的渗透系数，m/d；

　　　Δh——计算区域内地下水越流补给区两含水层地下水水位差，m；

　　　m'——弱透水层的平均厚度，m；

　　　F——计算区域内地下水越流补给区面积，m^2。

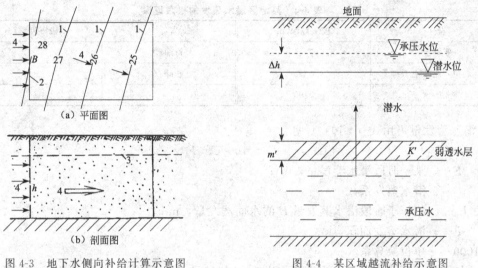

图4-3　地下水侧向补给计算示意图
1—潜水等水位线；2—补给边界；
3—地下水位；4—地下水流向

图4-4　某区域越流补给示意图

一般情况下，K'值很小，但由于计算区域内地下水越流补给区面积非常之大，故越流补给量还是相当可观的。

【案例4-2】　某地含水层剖面如图4-4，潜水与承压水之间的隔水层为亚黏土，属弱透水层，其厚度3m，渗透系数 $K' = 1 \times 10^{-4}$ m/d，承压水位与潜水位之差为4.5m。若潜水含水层给水度为0.05，试求一年内潜水对承压水越流补给的水深以及由此引起的潜水位上升高度。

解： 利用 $Q_{yb} = K' \dfrac{\Delta h}{m'} F$，其中 $K' = 1 \times 10^{-4}$ m/d，$\Delta h = 4.5$m，$m' = 3$m，故

每日补给水量 $Q_{yb} = 1 \times 10^{-4} \times \dfrac{4.5}{3} F$

每日补给水深为 $H_日 = Q_{yb}/F = 1 \times 10^{-4} \times \dfrac{4.5}{3} = 1.5 \times 10^{-4}$ m/d

每年补给水深为 $H_年 = 1.5 \times 10^{-4} \times 365 = 0.055$ m/a

$H_年$ 引起潜水位上升高度，记 $H_升$，由 $\mu = H_年 F/(H_升 F)$，则

$$H_升 = \frac{H_年}{\mu} = \frac{0.055}{0.05} = 1.1 \text{m/a}$$

（二）排泄量的计算

地下水排泄量包括潜水蒸发量、河道排泄量、侧向流出量、越流排泄量、泉水溢出量、人工开采量等。平原区计算排泄量的目的是进行总补给量与总排泄量的平衡分析，以便结果相互验证，提高总补给量计算结果的精度。其中侧向流出量、越流排泄量的计算方法分别与侧向流入量、越流补给量的计算方法类似。以下介绍平原区潜水蒸发量、河道排泄量的确定方法。为避免重复，其他各项排泄量的计算方法见山丘区相应各项排泄量的计算。

1. 潜水蒸发量的计算

潜水蒸发的概念已在第二章介绍。潜水蒸发是平原区地下水排泄的主要方式之一，其影响因素有潜水埋深、包气带岩性、气候条件以及地面植被情况等。潜水蒸发随潜水埋深的增大而减小。当潜水埋深达到一定深度后，潜水蒸发趋近于零，这一深度称为潜水蒸发的极限埋深。表 4-4 为某地区潜水蒸发的极限埋深。

表 4-4　某地区潜水蒸发的极限埋深

岩性	极限埋深/m	岩性	极限埋深/m
亚黏土	5.16	粉细砂	4.10
黄质亚砂土	5.10	砂砾石	2.38
亚砂土	3.95		

潜水蒸发量可用式（4-19）计算：

$$E = 1000CE_0F \tag{4-19}$$

式中　E——某一时段潜水蒸发量，m^3；

　　　C——潜水蒸发系数；

　　　E_0——相应于时段潜水蒸发量 E 的水面蒸发量，mm；

　　　F——潜水蒸发面积，km^2；

　　　1000——单位换算系数。

《水利水电工程水文计算规范》（SL 278—2002）给出了潜水蒸发系数 C 的经验数据，见表 4-5。

表 4-5　不同岩性和地下水埋深的潜水蒸发系数 C 值

地区	年水面蒸发量 (E-601)/mm	包气带岩性	地下水埋深/m							
			0.5	1.0	1.5	2.0	2.5	3.0	3.5	4.0
黑龙江流域季节冻土区	600～1200	亚黏土		0.01～0.15	0.08～0.12	0.06～0.09	0.04～0.08	0.03～0.06	0.02～0.04	0.01～0.03
		亚砂土	0.21～0.26	0.16～0.21	0.13～0.17	0.08～0.14	0.05～0.11	0.04～0.09	0.03～0.08	0.03～0.07
		粉细砂	0.23～0.37	0.18～0.31	0.14～0.26	0.10～0.20	0.06～0.15	0.03～0.10	0.01～0.07	0.01～0.05
内陆河流域严重干旱区	1200～2500	亚黏土	0.22～0.37	0.09～0.20	0.04～0.10	0.02～0.04	0.02～0.03	0.01～0.02	0.01～0.02	0.01～0.02
		亚砂土	0.26～0.48	0.19～0.37	0.15～0.26	0.08～0.17	0.05～0.10	0.03～0.07	0.02～0.05	0.01～0.03

地区	年水面蒸发量 (E-601)/mm	包气带岩性	地下水埋深/m							
			0.5	1.0	1.5	2.0	2.5	3.0	3.5	4.0
其他地区	800~1400	亚黏土	0.40~0.52	0.16~0.27	0.08~0.14	0.04~0.08	0.03~0.05	0.02~0.03	0.02~0.03	0.01~0.02
		亚砂土	0.54~0.62	0.38~0.48	0.26~0.35	0.16~0.23	0.09~0.15	0.05~0.09	0.03~0.06	0.01~0.03
		砂砾石	0.50左右	0.07左右	0.02左右	0.01左右				

2. 平原区河道排泄量计算

平原区地下水排入河道的水量称为河道排泄量。

（1）渗流剖面法（达西公式法）：确定平原区河道排泄量可在河道岸边钻孔，如图 4-5 所示，进而确定含水层厚度、水力坡度、渗透系数等，然后采用达西公式进行计算：

$$Q_{hp} = K \cdot \frac{h_1 + h_2}{2} \cdot B \cdot \frac{h_1 - h_2}{l_{1-2}} \tag{4-20}$$

式中　Q_{hp}——河道排泄量，m^3/d；

　　　　K——含水层渗透系数，m/d；

　　h_1，h_2——两井孔处的含水层厚度，也即以含水层底板为基准面时，两观测井内的水位（假定含水层底板是水平的），m；

　　　　B——地下水向河道渗流的断面宽度，m；

　　　　l_{1-2}——两观测井间距，m。

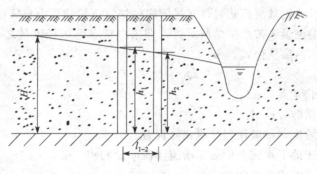

图 4-5　地下水向河道排泄示意图

（2）水文分割法。见山丘区河川基流量的计算。

二、山丘区地下水资源数量计算

由于山丘区地下水的分布具有不均匀性、方向性和分带、分段性，受研究程度和资料的限制，直接计算地下水的补给量存在一定的困难。按地下水均衡原理，多年平均总排泄量等于总补给量，因此可用各项排泄量之和作为本区域的地下水资源量。

根据山丘区的实际情况，山丘区地下水排泄量包括河川基流量、未计入河川径流的山前泉水出流量、山前侧向流出量、河床潜流量、潜水蒸发量和实际开采净消耗量等。

（一）河川基流量计算

山丘区河流坡度陡，河床切割较深，水文站测得的逐日平均流量过程线既包括地表径流，又包括河川基流。河川基流量是山丘区地下水的主要排泄项。

1. 水文分割法

当计算区域具有水文站实测流量资料时，河川基流量可以用分割流量过程线的方法来推求。

直线平割法。将枯季（畅流期）最小平均（最小日平均、最小月平均、连续几个月最小平均等）流量视作基流，平行分割全年流量过程线，直线以下部分即为河川基流量。直线平割法是一种简化方法，工作量较小，但精度不太高，尤其是面积较大的区域，宜与其他比较精确的方法比较后采用。

2. 渗流剖面法（达西公式法）

与渗流剖面法确定平原区河道排泄量的方法相同，不再赘述。

（二）未计入河川径流的山前泉水出流量

在地下水资源比较丰富的地区（尤其是岩溶地区），地下水以泉水的形式在山前排泄的水量，称为山前泉水出流量。有些泉水，通过地表泄入河道，这部分泉水已被下游河道的水文站测到，包含在分割的基流量之中了。有些泉水，不泄入河道，在当地自行消耗，这部分泉水的总和称为未计入河川径流的山前泉水出流量，可采用调查、观测的方法确定。

若所调查的泉水流量已包括在河川基流中了，则应在分析计算重复量时加以说明，并单独列出重复部分的泉水流量。

（三）山前侧向流出量

山丘区的地下水向下游流出的水量，称为山前侧向流出量，其计算方法与平原区侧向补给量的计算方法相同。

（四）河床潜流量

当河床具有较厚的松散沉积物时，通过河床的松散沉积物从山丘区排出的地下水量称为河床潜流量。河床潜流量未被水文站所测得，即未包括在河川径流量之中，故应单独计算，计算方法一般采用达西渗流公式，即

$$Q_{潜} = KJFT \tag{4-21}$$

式中　$Q_{潜}$——河床潜流量，m^3；

K——渗透系数，m/d；

J——水力坡度，一般用河底纵比降代替；

F——垂直于地下水流向的河床潜流渗流断面面积，m^2；

T——河道或河段过水时间，d。

（五）潜水蒸发量

与平原区潜水蒸发量计算相同。当山丘区地下水埋深较大时，潜水蒸发量较小，可忽略不计。

（六）实际开采净消耗量

对工农业生产、生活用水开采地下水的水量扣除回归山丘区后的水量，称为实际开采净消耗量，其计算公式为：

$$Q_{净开} = Q_{农开}(1-\beta_{农}) + Q_{工开}(1-\beta_{工}) \tag{4-22}$$

式中　$Q_{净开}$——实际开采净消耗量，m^3；

$Q_{农开}$——农业灌溉开采量，m^3；

$Q_{工开}$——工业和生活开采量，m^3；

水资源与取水工程

$\beta_农$——农业灌溉水的回归系数；

$\beta_工$——工业和生活用水的回归系数。

三、地下水储存量的计算

（一）容积储存量的计算

贮存在潜水含水层中的重力水的体积，称为容积储存量，其计算式为：

$$Q_V = \mu H F \tag{4-23}$$

式中　Q_V——潜水含水层容积储存量，m^3；

　　　μ——潜水含水层的给水度；

　　　H——潜水含水层厚度，m；

　　　F——潜水分布区的面积，m^2。

（二）弹性储存量的计算

当承压水头降低，能够从承压含水层中释放的水量，称为弹性储存量。弹性储存量公式为：

$$Q_e = \mu_e h F \tag{4-24}$$

式中　Q_e——弹性储存量，m^3；

　　　μ_e——弹性释水系数；

　　　h——承压含水层的承压水头，m；

　　　F——承压水分布区的面积，m^2。

弹性释水系数 μ_e 与承压含水层厚度 M 有关，为便于计算，引入弹性释水率 μ_1：

$$\mu_1 = \frac{\mu_e}{M} = \frac{Q_e}{hFM} = \frac{Q_e}{hV}$$

故

$$Q_e = \mu_1 hV \tag{4-25}$$

式中　V——承压含水层体积，m^3。

μ_1 的含义为，在单位抽水降深的情况下，承压含水层单位体积中所释放的水量，1/m。各种岩性的弹性释水率的确定，可参考表 4-6。

表 4-6　承压含水层各种岩性的弹性释水率

岩性	弹性释水率	岩性	弹性释水率
塑性黏土	$1.9 \times 10^{-3} \sim 2.4 \times 10^{-4}$	密实砂土	$1.9 \times 10^{-5} \sim 1.3 \times 10^{-5}$
固结黏土	$2.4 \times 10^{-4} \sim 1.2 \times 10^{-4}$	密实砂砾	$9.4 \times 10^{-6} \sim 4.6 \times 10^{-6}$
稍硬黏土	$1.2 \times 10^{-4} \sim 8.5 \times 10^{-5}$	裂隙岩层	$1.9 \times 10^{-6} \sim 3.0 \times 10^{-7}$
松散黏土	$9.4 \times 10^{-5} \sim 4.6 \times 10^{-5}$	固结岩层	3.0×10^{-7} 以下

四、地下水可开采量计算

地下水可开采量，也称为允许开采量，是指在经济合理、技术可能且不发生因开采地下水而造成水位持续下降、水质恶化及其他不良后果的情况下，允许从含水层中取出的最大水量。

地下水资源评价的关键是确定可开采量，其数值是开发利用地下水资源的重要依据。地下水可开采量应小于地下水总补给量，以保证地下水资源的可持续开发。

确定地下水可开采量的方法很多，如开采系数法、抽水试验法、水均衡计算法、水文分析法等。实际工作中应采用多种方法确定地下水可开采量，以便相互验证和校核。以下主要介绍开采系数法、抽水试验法。

1. 开采系数法

在水文地质条件研究程度较高，并且具有现状条件下的地下水总补给量数据时，采用此法，其计算式为

$$W_{下可} = \rho W_{下.总} \tag{4-26}$$

式中　$W_{下可}$——地下水可开采量，m^3；

　　　$W_{下.总}$——地下水总补给量，m^3；

　　　ρ——可开采系数。

此法计算简便，但关键在于确定可开采系数 ρ，其值一般为 $0.6\sim0.9$。对含水层富水性好、厚度大、地下水埋藏较浅的地区，选用较大的可开采系数值，反之，则选用较小的可开采系数值。

2. 抽水试验法

此法适用于地下水水源地水文地质条件复杂，补给条件难以查明的情况。

具体方法是直接开凿勘探生产井，按开采量或开采降深抽水一个月或数月，停抽后，若水位能较快恢复至初始水位，这表明抽水量小于开采条件下的补给量，其开采量是有保证的，则将抽水量作为地下水可开采量。否则，按开采量开采没有补给保证，应分析有补给保证的可开采量。

第四节　水资源总量计算与评价

在分析计算地表水资源量、地下水资源量后，须进行水资源总量计算。前已叙及，采用间接法计算水资源总量，将河川径流量作为地表水资源量、地下水总补给量作为地下水资源量。由于地表水与地下水相互联系而又相互转化，河川径流中包括河川基流量，地下水补给量中有一部分来源于地表水体的入渗。故不能将地表水资源量与地下水资源量直接相加作为水资源总量，而应扣除相互转化的重复水量，即由式（4-2）计算水资源总量。具体又分为多年平均水资源总量的计算和不同频率的水资源总量的计算，以下仅介绍多年平均水资源总量的计算，且为简捷起见，本节中各个水量的多年平均值符号之上未加"-"。

对于不同的评价类型区，重复水量的确定方法不同，故分区水资源总量的计算方法也不同。

一、单一的山丘区水资源总量的计算

山丘区，地表水资源量为当地的河川径流量，地下水资源量按排泄量计算，因此，地表水资源量与地下水资源量之间的重复为河川基流量，故山丘区水资源总量计算式为：

$$W_{山} = R_{山} + W_{下山} - R_{g山} \tag{4-27}$$

式中　$W_{山}$——山丘区水资源总量，m^3；

　　　$R_{山}$——山丘区河川径流量，m^3；

　　　$W_{下山}$——山丘区地下水资源量，m^3；

　　　$R_{g山}$——山丘区河川基流量，m^3。

二、单一的平原区水资源总量的计算

平原区，地表水资源量为当地的河川径流量，地下水资源量为扣除井灌回归补给量后的

总补给量。重复水量包括：（1）地表水体入渗补给量，如河道渗漏、渠灌田间入渗、渠系渗漏等；（2）平原区河川基流量，该项是降水入渗补给量中的一部分；（3）侧向流入补给量，该项水量为上游入渗补给，非本区形成的，在计算平原区的水资源总量时，也应将其扣除。故平原区的水资源总量计算式为：

$$W_{平} = R_{平} + W_{下平} - (Q_{表渗} + Q_{cb} + R_{g平}) \tag{4-28}$$

即

$$W_{平} = R_{平} + U_P + Q_{yb} - R_{g平} \tag{4-29}$$

式中　$W_{平}$——平原区水资源总量，m^3；

　　　　$R_{平}$——平原区河川径流量，m^3；

　　$W_{下平}$——平原区地下水资源量，m^3；

　　$Q_{表渗}$——平原区地表水体入渗补给量，m^3；

　　$R_{g平}$——平原区降水形成的河川基流量，m^3；

Q_{cb}、Q_{yb}、U_P——含义同前。

　　需要指出，当其他各项补给量较小时，平原区河道排泄量 Q_{hp} 主要是降水入渗补给量形成的，平原区降水形成的河川基流量 $R_{g平}$，即为 Q_{hp}，故 $R_{g平} = Q_{hp}$；当其他各项补给量在总补给量中占较大比重时，平原区的河道排泄量 Q_{hp}，既有降水入渗补给量，也有其他补给量，要严格分开这两个量是困难的，一般采用下述方法估算平原区降水入渗补给量形成的河川基流量：

$$R_{g平} = Q_{hp} \frac{U_P}{W_{总补}} \tag{4-30}$$

式中　$W_{总补}$——平原区地下水总补给量，m^3。

　　其他符号含义同前。

三、山丘区与平原混合区水资源总量计算

　　当水资源分区中上游为山丘区，下游为平原区时，在山丘区与平原区地下水资源量基础上计算整个区域（山丘区和平原区）的地下水资源总量时，须扣除山区与平原之间地下水资源量的重复水量，包括山前侧渗量和山丘区河川基流对平原区地下水的补给量。而山丘区河川基流对平原区地下水的补给量可用平原区地表水体的入渗补给量乘以山丘区基径比（山丘区河川基流量与河川径流量的比值）来估算。故山平混合区的地下水资源总量计算式为：

$$W_{混下} = W_{下山} + W_{下平} - Q_{cb} - kQ_{表渗} \tag{4-31}$$

式中　$W_{混下}$——山平混合区的地下水资源总量，m^3；

　　　　　k——山丘区基径比。

　　其他符号含义同前。

　　山平混合区的地表水资源总量 $R_{混}$ 等于山丘区与平原区当地河川径流量之和。

　　山平混合区的水资源总量 $W_{混}$ 等于山丘区的水资源总量与平原区的水资源总量之和，即

$$W_{混} = R_{山} + W_{下山} - R_{g山} + R_{平} + U_P + Q_{yb} - R_{g平} \tag{4-32}$$

式中各符号含义同前。

　　【案例 4-3】　北京市全区面积为 $16800km^2$，其中山丘区面积为 $10400km^2$。由北京市水资源初步评价成果可知：

　　（1）山丘区、平原区多年平均河川径流量分别为 16.2 亿立方米、7.4 亿立方米。

　　（2）平原区多年平均河川基流量为 1.3 亿立方米。

　　（3）山丘区、平原区多年平均排泄量及补给量见表 4 7。

试分别求山丘区、平原区及全区多年平均水资源总量。

表 4-7　北京市山丘区、平原区多年平均排泄量及补给量　　　单位：亿立方米

山丘区排泄量		平原区补给量	
河川基流量	7.1	降水入渗补给量	10.95
山前侧向流出量	3.29	河道渗漏补给量	2.63
潜水蒸发量	0.0	渠系渗漏、渠系田间入渗补给量	4.95
开采净消耗量	0.9	山前侧向流入量	3.29
总排泄量	11.29	总补给量	21.82

解：根据式（4-27），山丘区多年平均水资源总量为：

$$W_{山} = R_{山} + W_{下山} - R_{g山} = 16.2 + 11.29 - 7.1 = 20.39 \text{ 亿立方米}$$

根据式（4-28），平原区多年平均水资源总量为：

$$W_{平} = R_{平} + W_{下平} - (Q_{表渗} + Q_{cb} + R_{g平}) = 7.4 + 21.82 - (2.63 + 4.95 + 3.29 + 1.3)$$
$$= 17.05 \text{ 亿立方米}$$

全区多年平均水资源总量 $W = 20.39 + 17.05 = 37.44 \text{ 亿立方米}$

四、水资源可利用总量估算

水资源可利用总量的计算，可采取地表水资源可利用量与地下水资源可开采量相加再扣除地表水资源可利用量与地下水资源可开采量两者之间重复水量的方法估算。重复水量主要是平原区渠灌田间入渗补给量和渠系渗漏补给量的开采利用部分与地表水资源可利用量之间的重复计算量，采用下式估算：

$$W_{总可} = W_{表可} + W_{下可} - W_{重可} \tag{4-33}$$
$$W_{重可} = \rho(Q_{qb} + Q_{qx}) \tag{4-34}$$

式中　$W_{总可}$——水资源可利用总量，m^3；

$W_{表可}$——地表水资源可利用量，m^3；

$W_{重可}$——地表水资源可利用量与地下水资源可开采量之间重复计算量，m^3。

其他符号含义同前。

五、水资源可利用率

水资源可利用率为水资源可利用量与多年平均水资源量的比值。在我国自产的水资源量中，水资源可利用率全国平均约为 30%。在水资源可利用总量中，地表水资源可利用量约占可利用总量的 90%。

水资源可利用率总体上是北方地区高于南方地区，开发利用程度高或条件好的河流高于开发利用程度低和开发条件差的地区。海河、淮河、黄河、辽河和西北内陆大部分水系，水资源总量的可利用率大于 50%，比全国平均值至少高 20%，而西南诸河水资源总量可利用率为 15%，为全国平均数的 1/2。

北方和西北地区部分河流，其现状用水量已超过或接近可利用量，河道内特别是枯水期流量难以保证，因而引发了一系列的生态环境问题，而这些地区也是水资源短缺地区，水资源供需矛盾十分尖锐。

水资源与取水工程

第五节 水资源质量评价

水资源质量一般简称水质，是指水体物理、化学及生物学的特征和性质。未受或很少受人类活动影响的天然水体中物质的组成与基本含量，称为水体本底含量，也称为本底值、背景值。在自然或人为因素的影响下，过量的污染物质排入水体，使该污染物在水体中的含量超过水体的本底含量和自净能力，从而破坏了水体原有用途的现象，称为水体污染。水质不仅影响到水资源开发利用，还会影响环境质量和人体健康。因此，不仅要评价水资源的数量，也必须评价其质量。

水资源质量评价指根据评价的目的、水体的功能等，选用水质指标和水质标准，对水质进行评价。通过水质评价，为水资源开发利用和保护提供重要依据。

本节介绍水质指标与水质标准、水质评价基本方法、供水资源水质评价、区域水资源水质评价等。

一、水质指标及其标准值

（一）水质指标

反映水质状况的水质指标项目繁多，总共可有上百种。它们可分为物理的、化学的、生物化学的三大类。

1. 物理性水质指标

（1）感官物理性状指标：如温度、色度、臭和味、透明度、浊度等。感官要求是保证水体达到要求的基本指标。

（2）其他物理性水质指标：如总固体、悬浮物、电导率等。水中悬浮物与水的关系很密切，这不仅由于悬浮物的物理性状影响了水的透明度、浊度，更重要的是由于悬浮物在水中能吸附和解吸有毒元素、有机物和微生物细菌等。据报道，有毒重金属汞、铅、镉及有机农药等在悬浮物中的含量是在水中含量的几倍、几十倍，甚至上千倍，这就是"富集作用"，造成了对鱼类的毒害。因此，悬浮物是一项综合性很强的指标。电导率可反映水体中可溶性总固体物质。

2. 化学性水质指标

（1）一般的化学性水质指标：如 pH、矿化度、硬度、各种阴阳离子、总含盐量、一般有机物等。

硬度主要指水体所含钙、镁盐分的量，单位为 mg/L。硬度反映了水中的含盐特性。

（2）有毒的化学性水质指标：如各种重金属、氰化物、氟化物、挥发酚、各种农药等。

水体中对人体危害较大的重金属主要有：汞（Hg）、镉（Cd）、铅（Pb）、铬（Cr）、砷（As）。它们的污染特性是：① 在天然水体中微量浓度即可使水体产生毒性。② 可稳定地存在于水体中，且无法在微生物的作用下降解，某些重金属物质在微生物作用下甚至可转化成毒性更大的化合物。③ 在生物体内具有富集性，通过食物链将毒性放大，对人体造成危害。④ 进入人体后，在某些器官中逐渐积存，造成慢性中毒。

氰化物和氟化物为无机非金属毒物。水体中氰化物主要来自含氰工业废水的污染，因此氰化物是判别水污染的指标之一，如氰化钾、氰化钠为剧毒，但其毒性可降解。氟是人体健康所必需元素之一，但是有一定的范围。饮水含氟量在 0.5mg/L 以下时，龋齿发病率增高；

含氟量在 0.5～1.0mg/L 是龋齿和斑釉齿发病率最低范围，无氟骨症发生，长期饮用含氟量大于 1.0mg/L 的水，会导致慢性中毒，主要侵害人体的骨骼。

挥发酚和各种农药为有机毒物。工业废水中挥发酚含量较大，且以苯酚毒性最大。有机农药通过降雨形成的径流污染水质。有机农药在土壤中残留的时间长，通过生物富集作用使毒性放大。

（3）氧平衡指标：如溶解氧（DO）、化学耗氧量（COD）、生化耗氧量（BOD）、总需氧量（TOD）等。

氧平衡指标主要反映耗氧有机物和水体营养物质对水体的污染。耗氧有机物指工业废水中的蛋白质、脂肪、碳水化合物等。水体中的耗氧有机物在分解过程中使水体中的溶解氧降低，有机物质在厌氧条件下分解，使水体出现"黑臭"。水体营养物质对水体的污染是，含大量磷、氮等物质的污水，进入流动缓慢的水体中，使水体营养总量增加，引起藻类及其他浮游生物异常繁殖，使水中溶解氧急剧下降，导致鱼和其他生物大量死亡，水体变臭。这种现象，称为水体富营养化。

3. 生物学水质指标

进入水体中的病毒、病菌和动物寄生虫等，统称病原微生物。目前，规范中一般用细菌总数、总大肠菌菌群数反映病原微生物的污染状况。

（二）水质指标标准值

国家或行业水质标准中对各项水质指标规定的限制值，称为水质指标标准值，简称标准值或限值。

二、水质评价基本方法

目前，水质评价基本方法常用污染指数法和直接评分法。

（一）污染指数法

污染指数法是根据水质指标的实测值和规范中的标准值，归纳出的一个数值，进而对水质评价。

1. 单项水质指数法

$$I_d = C/C_0 \tag{4-35}$$

式中　I_d——单项水质指数；

　　C——某项水质指标的实测值，mg/L；

　　C_0——某项水质指标的标准值，mg/L。

式（4-35）适用于含量越小越好的水质指标的评价，当 $I_d \leqslant 1$ 时，水质符合要求，且 I_d 越小越好。$I_d - 1$ 为超标倍数。例如，《生活饮用水卫生标准》（GB 5749—2006）中汞的标准值为 0.001mg/L，若某供水管井实测汞含量 0.002mg/L，则 $I_d = 0.002/0.001 = 2$，超标 1 倍。

溶解氧、pH 一类的水质指标不能直接应用式（4-35），可分别采用式（4-36）、式（4-37）。

设溶解氧的最大浓度为 C_{max}（mg/L），则

$$I_d = (C_{max} - C)/(C_{max} - C_0) \tag{4-36}$$

式中各符号含义同前。

设 pH 的标准值为 $C_{0min} \sim C_{0max}$，则

$$I_d = |C - C_{0中}|/(C_{0max} - C_{0中}) \text{ 或 } I_d = |C - C_{0中}|/(C_{0中} - C_{0min}) \tag{4-37}$$

式中　$C_{0中}$——标准值取值范围的中间值。

其他符号含义同前。

单项水质指数，简便，可直观判断超标项，但对于同一水体不同水质指标，仅计算各水质指标的单项水质指数，不便于对水质情况进行综合概括及与不同水域或河段的水质进行比较。故需进一步将各单项水质指数进行综合概括。

2. 综合水质指数法

$$I_z = \sum_{i=1}^{n} \frac{C_i}{C_{0i}} \tag{4-38}$$

式中　I_z——综合水质指数；

　　　n——参与评级的水质指标项数；

　　　C_i——第 i 项水质指标的实测值，mg/L，$i=1\sim n$；

　　　C_{0i}——第 i 项水质指标的标准值，mg/L，$i=1\sim n$。

式（4-38）适用于含量越小越好的水质指标的评价。I_z 越小越好；$I_z > n$ 肯定存在超标项；而当 $I_z \leqslant n$ 时，不一定各项水质指标均不超标。

3. 平均水质指数法

$$I_P = \frac{1}{n} \sum_{i=1}^{n} \frac{C_i}{C_{0i}} \tag{4-39}$$

式中　I_P——平均水质指数。

其他符号含义同前。

式（4-39）适用于含量越小越好的水质指标的评价。I_P 越小越好，$I_P > 1$ 肯定存在超标项；但当 $I_P \leqslant 1$ 时，不一定各项水质指标均不超标。

表 4-8 为我国图们江水系在水质评价时采用平均水质指数，对水体的水质进行分级。

表 4-8　图们江水系用平均水质指数对水质分级

平均水质指数	污染级别	分级依据
<0.2	清洁	多数项目未检出，个别项目检出也在标准内
0.2～0.4	尚清洁	检出值均在标准内，个别项目接近标准
0.4～0.7	轻污染	有 1 项检出值超出标准
0.7～1.0	中污染	有 1～2 项检出值超出标准
1.0～2.0	重污染	相当一部分检出值超出标准
>2.0	严重污染	相当一部分检出值超出标准数倍以上

4. 加权平均水质指数法

$$I_q = \sum_{i=1}^{n} A_i \frac{C_i}{C_{0i}} \tag{4-40}$$

式中　I_q——加权平均水质指数；

　　　A_i——水体某项水质指标的权重值，$\sum_{i=1}^{n} A_i = 1$。

其他符号含义同前。

式（4-40）适用于含量越小越好的水质指标的评价。

各项水质指标权重值的确定，可采用专家打分法。首先根据各水质指标对水质影响的重要性进行评分 W_i，然后计算第 i 项水质指标的权重 $A_i = W_i / \sum_{i=1}^{n} W_i$。美国曾组织 74 名有经验的水质研究专家进行打分。该法考虑了不同水质指标对水质影响的差异，但权重 A_i 的确定存在人为因素。

5. 尼梅罗指数法

美国叙拉古大学尼梅罗教授 1974 年提出了一种兼顾极值的水质评价方法，称为尼梅罗指数法。

$$PI = \sqrt{\frac{(C_i/C_{0i})_{max}^2 + (C_i/C_{0i})_{ave}^2}{2}}$$

(4-41)

式中 PI——尼梅罗水质指数；

$(C_i/C_{0i})_{max}$——各单项水质指数中的最大值；

$(C_i/C_{0i})_{ave}$——各单项水质指数中的平均值，即$(C_i/C_{0i})_{ave}=I_P$。

其他符号含义同前。

式（4-41）适用于含量越小越好的水质指标的评价。PI 值越小越好。各项水质指标不超标时，必有 $PI<1$，但反之不一定。

此法不仅考虑了影响水质的各个水质指标的平均状况，而且考虑了其中突出因素的影响，该法在我国得到了广泛的应用。

【案例 4-4】 某区域地表水体的功能属于《地表水环境质量标准》（GB 3838—2002）中的第Ⅲ类水域。若干污染物的实测值见表 4-9 中前两列。要求：

（1）计算各单项水质指数，并评价该水体的水质；

（2）计算平均水质指数；

（3）计算尼梅罗水质指数。

表 4-9 某水域各单项水质指数计算表

项目	实测值/(mg/L)	标准值/(mg/L)	单项水质指数
挥发酚	0.006	0.005	1.2
氰化物	0.1	0.2	0.5
汞	未检出	0.0001	0
镉	未检出	0.005	0
铅	未检出	0.05	0
六价铬	0.04	0.05	0.8
砷	0.03	0.05	0.6
氟化物	1.5	1.0	1.5

方法步骤：

（1）根据《地表水环境质量标准》（GB 3838—2002），确定第Ⅲ类水域各个评价项目的标准限值，填入表 4-9 第 3 列。

（2）计算各单项水质指数，填入表 4-9 第 4 列。

（3）评价：8 项指标中，挥发酚、氟化物分别超标 0.2、0.5 倍，故该水体不符合地表水环境第Ⅲ类水域的水质要求（见表 4-12）。

（4）计算平均水质指数 $I_P = \frac{1}{n}\sum_{i=1}^{n}\frac{C_i}{C_{0i}} = 4.6/8 = 0.575$

（5）计算尼梅罗水质指数 $PI = \sqrt{\frac{\left(\frac{C_i}{C_{0i}}\right)_{max}^2 + \left(\frac{C_i}{C_{0i}}\right)_{ave}^2}{2}} = \sqrt{\frac{1.5^2 + 0.575^2}{2}} = 1.136$

由计算结果可见，平均水质指数<1，水质不一定满足要求；尼梅罗水质指数反映水质情况更客观。

（二）直接评分法

直接评分法是按照事先已确定的水质指标体系及评分标准，首先根据水体各水质指标的实测值，逐项进行打分，记 a_i，其次计算各项水质指标总得分，记 $M = \sum\limits_{i=1}^{n} a_i$，然后根据事先确定的水质分级表，由总分，确定水体水质等级。

表 4-10、表 4-11 分别为某地区水质评价时的水质指标体系与评分标准、水质分级表。

表 4-10　某地区水质评价时的水质指标体系及评分标准

指标项目		优良级		良好级		过渡级		重污染级		严重污染级	
名称	单位	标准	分值	标准	分值	标准	分值	标准	分值	标准	分值
化学耗氧量	mg/L	<3	10	<8	8	<10	6	<50	4	≥50	2
溶解氧	mg/L	>6	10	>5	8	>4	6	>3	4	≤3	2
氰	mg/L	<0.01	10	<0.05	8	<0.1	6	<0.25	4	≥0.25	2
酚	mg/L	<0.001	10	<0.01	8	<0.02	6	<0.05	4	≥0.05	2
油	mg/L	<0.01	10	<0.3	8	<0.6	6	<1.2	4	≥1.2	2
铅	mg/L	<0.01	10	<0.05	8	<0.1	6	<0.2	4	≥0.2	2
汞	mg/L	<0.0005	10	<0.002	8	<0.005	6	<0.025	4	≥0.025	2
砷	mg/L	<0.01	10	<0.04	8	<0.08	6	<0.25	4	≥0.25	2
镉	mg/L	<0.001	10	<0.005	8	<0.01	6	<0.05	4	≥0.05	2
铬	mg/L	<0.01	10	<0.05	8	<0.1	6	<0.25	4	≥0.25	2

表 4-11　某地区水质分级表

水质等级	优良级	良好级	过渡级	重污染级	严重污染级
水质评价总分	100～96	95～76	75～60	59～40	<40

此法评分越高水质越好。该法直观，且 pH、溶解氧等水质指标也可直接应用。

三、地表水资源水质评价

地表水资源质量评价是以地表水资源保护和管理为目标，根据地表水资源开发利用和保护要求，参考国家和有关用水部门制定的各类用水水质标准，对地表水水质状况进行的评价。

我国颁布《地表水资源质量评价技术规程》（SL 395—2007）规定：地表水质量评价包括地表水天然水化学特征评价、地表水水质评价、湖库营养状况评价、水功能区水质评价和水质趋势分析 5 个方面。限于篇幅，仅简介地表水质标准及评价。

（一）评价标准与评价项目

地表水资源质量评价标准，采用《地表水环境质量标准》（GB 3838—2002）。评价项目应包括（GB 3838—2002）规定的基本项目，见表 4-12。在 COD 大于 30mg/L 的水域宜选用化学需氧量；在 COD 不大于 30mg/L 的水域宜选用高锰酸盐指数。流量、湖泊（水库）水面面积、水库蓄水量、总硬度等对水质评价具有辅助作用，宜作为水质评价参考项目。

表 4-12 中五类水域的功能分别为：

（1）Ⅰ类　主要适用于源头水、国家自然保护区；

（2）Ⅱ类　主要适用于集中式生活饮用水地表水源地一级保护区、珍稀水生生物栖息地、鱼虾类产卵场、仔稚幼鱼的索饵场等；

（3）Ⅲ类　主要适用于集中式生活饮用水地表水源地二级保护区、鱼虾类越冬场、洄游通道、水产养殖区等渔业水域及游泳区；

（4）Ⅳ类　主要适用于一般工业用水区及人体非直接接触的娱乐用水区；

（5）Ⅴ类　主要适用于农业用水区及一般景观要求水域。

若水质项目浓度值不满足 GB 3838—2002 规定的Ⅴ类标准限值要求时，称为劣Ⅴ类。

表 4-12　地表水环境质量标准基本项目标准限值　　　　单位：mg/L

序号	项目		分类				
			Ⅰ类	Ⅱ类	Ⅲ类	Ⅳ类	Ⅴ类
1	水温/℃		人为造成的环境水温变化应限制在：周平均最大温升≤1，周平均最大温降≤2				
2	pH（无量纲）		6～9				
3	溶解氧	≥	饱和率90%（或7.5）	6	5	3	2
4	高锰酸盐指数	≤	2	4	6	10	15
5	化学需氧量（COD）	≤	15	15	20	30	40
6	五日生化需氧量（BOD_5）	≤	3	3	4	6	10
7	氨氮（NH_3-N）	≤	0.15	0.5	1	1.5	2
8	总磷（以P计）	≤	0.02（湖、库0.01）	0.1（湖、库0.025）	0.2（湖、库0.05）	0.3（湖、库0.1）	0.4（湖、库0.2）
9	总氮（湖、库，以N计）	≤	0.2	0.5	1	1.5	2
10	铜	≤	0.01	1	1	1	1
11	锌	≤	0.05	1	1	2	2
12	氟化物（以F^-计）	≤	1	1	1	1.5	1.5
13	硒	≤	0.01	0.01	0.01	0.02	0.02
14	砷	≤	0.05	0.05	0.05	0.1	0.1
15	汞	≤	0.00005	0.00005	0.0001	0.001	0.001
16	镉	≤	0.001	0.005	0.005	0.005	0.01
17	铬（六价）	≤	0.01	0.05	0.05	0.05	0.1
18	铅	≤	0.01	0.01	0.05	0.05	0.1
19	氰化物	≤	0.005	0.05	0.2	0.2	0.2
20	挥发酚	≤	0.002	0.002	0.005	0.01	0.1
21	石油类	≤	0.05	0.05	0.05	0.5	1
22	阴离子表面活性剂	≤	0.2	0.2	0.2	0.3	0.3
23	硫化物	≤	0.05	0.1	0.2	0.5	1
24	粪大肠菌群/（个/L）	≤	200	2000	10000	20000	40000

（二）地表水资源水质评价的内容与方法

地表水资源水质评价的内容包括水质站（监测断面）水质评价和流域及区域水质评价。

水质站单项水质项目水质类别评价：采用单项水质指数法，当不同类别标准值相同时，应遵循从优不从劣原则。

水质站单项水质项目超标倍数评价：单项水质项目浓度超过 GB 3838—2002 Ⅲ类标准限值的称为超标项目，即以Ⅲ类地表水标准值作为水体是否超标的判定值，并计算超标倍数。

水质站水质类别评价：按所评价项目中水质最差项目的类别确定，即一票否决法。

水质站主要超标项目评价：判定方法是将各单项水质项目的超标倍数由高至低排序，列前三位的项目应为水质站的主要超标项目。

河流水质评价，需根据水质站和代表河流长度的水质类别，计算各类水质类别的比例。例如，按水质站统计，某水域共 10 个水质站，其中Ⅰ类 1 个，Ⅱ类 2 个，Ⅲ类 5 个，Ⅳ类 1 个，Ⅴ类 1 个。则Ⅰ～Ⅲ类占 80%，可进一步据此对河流进行分级评价。

流域及区域的主要超标项目评价：判定方法是根据各单项水质项目的超标频率由高至低排序，列前三位的项目为流域及区域的主要超标项目。水质项目超标频率按式（4-42）计算：

$$PB_i = NB_i / N_i \times 100\%$$ （4-42）

式中　PB_i——某水质项目超标频率；

　　　NB_i——某水质项目超标水质站个数；

　　　N_i——某水质项目评价水质站总数。

四、地下水资源水质评价

（一）地下水的化学性质

1. 化学成分

地下水主要离子为 Ca^{2+}、Mg^{2+}、K^+、Na^+；CO_3^{2-}、HCO_3^-、SO_4^{2-}、Cl^-。

2. 地下水的矿化度

地下水的矿化度也称为总矿化度，指单位水容积内含有各种离子、分子与化合物的总量，单位 g/L。通常使用 110℃ 的温度，将水烘干，测定固体残余物的数量，得到总矿化度。地下水按矿化度的分类见表 4-13。

表 4-13　地下水按矿化度的分类

类别	矿化度/(g/L)	类别	矿化度/(g/L)	类别	矿化度/(g/L)
淡水	<1	咸水	3～10	卤水	>50
微咸水（低矿化水）	1～3	盐水	>10～50		

3. 地下水的 pH

地下水按 pH 分类见表 4-14。

表 4-14　地下水按 pH 分类

类别	pH	类别	pH	类别	pH
强酸性水	<5	中性水	7	强碱性水	>9
弱酸性水	5～7	弱碱性水	7～9		

4. 地下水的硬度

地下水的总硬度主要指水中所含钙、镁盐分的总含量，以 $CaCO_3$ 计时，单位为 mg/L。根据总硬度对地下水分类，见表 4-15。

表 4-15 地下水按硬度（以 CaCO₃ 计）分类

类别	硬度/(mg/L)	类别	硬度/(mg/L)
极软水	<75	硬水	300~450
软水	75~150	极硬水	>450
弱硬水	150~300		

（二）地下水资源水质评价

地下水资源质量评价采用《地下水质量标准》（GB/T 14848—1993），评价项目见表 4-16。

表 4-16 地下水水质指标与分类（GB/T 14848—1993）

项目序号	项目	Ⅰ类	Ⅱ类	Ⅲ类	Ⅳ类	Ⅴ类
1	色/度	≤5	≤5	≤15	≤25	>25
2	嗅和味	无	无	无	无	有
3	浑浊度/度	≤3	≤3	≤3	≤10	>10
4	肉眼可见物	无	无	无	无	有
5	pH		6.5~8.5		5.5~6.5 8.5~9	<5.5, >9
6	总硬度（以 CaCO₃ 计）/(mg/L)	≤150	≤300	≤450	≤550	>550
7	溶解性总固体/(mg/L)	≤300	≤500	≤1000	≤2000	>2000
8	硫酸盐/(mg/L)	≤50	≤150	≤250	≤350	>350
9	氯化物/(mg/L)	≤50	≤150	≤250	≤350	>350
10	铁（Fe）/(mg/L)	≤0.1	≤0.2	≤0.3	≤1.5	>1.5
11	锰（Mn）/(mg/L)	≤0.05	≤0.05	≤0.1	≤1.0	>1.0
12	铜（Cu）/(mg/L)	≤0.01	≤0.05	≤1.0	≤1.5	>1.5
13	锌（Zn）/(mg/L)	≤0.05	≤0.5	≤1.0	≤5.0	>5.0
14	钼（Mo）/(mg/L)	≤0.001	≤0.01	≤0.1	≤0.5	>0.5
15	钴（Co）/(mg/L)	≤0.005	≤0.05	≤0.05	≤1.0	>1.0
16	挥发性酚类（以苯酚计）/(mg/L)	≤0.001	≤0.001	≤0.002	≤0.01	>0.01
17	阴离子合成洗涤剂/(mg/L)	不得检出	≤0.1	≤0.3	≤0.3	>0.3
18	高锰酸盐指数/(mg/L)	≤1.0	≤2.0	≤3.0	≤10	>10
19	硝酸盐（以 N 计）/(mg/L)	≤2.0	≤5.0	≤20	≤30	>30
20	亚硝酸盐（以 N 计）/(mg/L)	≤0.001	≤0.01	≤0.02	≤0.1	>0.1
21	氨氮（NH₄）/(mg/L)	≤0.02	≤0.02	≤0.2	≤0.5	>0.5
22	氟化物/(mg/L)	≤1.0	≤1.0	≤1.0	≤2.0	>2.0
23	碘化物/(mg/L)	≤0.1	≤0.1	≤0.2	≤1.0	>1.0
24	氰化物/(mg/L)	≤0.001	≤0.01	≤0.05	≤0.1	>0.1
25	汞（Hg）/(mg/L)	≤0.00005	≤0.0005	≤0.001	≤0.001	>0.001
26	砷（As）/(mg/L)	≤0.005	≤0.01	≤0.05	≤0.05	>0.05
27	硒（Se）/(mg/L)	≤0.01	≤0.01	≤0.01	≤0.1	>0.1

项目序号	类别标准值项目	Ⅰ类	Ⅱ类	Ⅲ类	Ⅳ类	Ⅴ类
28	镉（Cd）/(mg/L)	≤0.0001	≤0.001	≤0.01	≤0.01	>0.01
29	铬（六价）（Cr^{6+}）/(mg/L)	≤0.005	≤0.01	≤0.05	≤0.1	>0.1
30	铅（Pb）/(mg/L)	≤0.005	≤0.01	≤0.05	≤0.1	>0.1
31	铍（Be）/(mg/L)	≤0.00002	≤0.0001	≤0.0002	≤0.001	>0.001
32	钡（Ba）/(mg/L)	≤0.01	≤0.1	≤1.0	≤4.0	>4.0
33	镍（Ni）/(mg/L)	≤0.005	≤0.05	≤0.05	≤0.1	>0.1
34	滴滴涕/(μg/L)	不得检出	≤0.005	≤1.0	≤1.0	>1.0
35	六六六/(μg/L)	≤0.005	≤0.05	≤5.0	≤5.0	>5.0
36	总大肠菌群/(个/L)	≤3.0	≤3.0	≤3.0	≤100	>100
37	细菌总数/(个/L)	≤100	≤100	≤100	≤1000	>1000
38	总α放射性/(Bq/L)	≤0.1	≤0.1	≤0.1	>0.1	>0.1
39	总β放射性/(Bq/L)	≤0.1	≤1.0	≤1.0	>1.0	>1.0

该标准依据我国地下水水质现状、人体健康基准值及地下水质量保护目标，将地下水质量划分为五类。

Ⅰ类：主要反映地下水化学组分的天然低背景含量。适用于各种用途。

Ⅱ类：主要反映地下水化学组分的天然背景含量。适用于各种用途。

Ⅲ类：以人体健康基准值为依据。主要适用于集中式生活饮用水水源及工业、农业用水。

Ⅳ类：以工业和农业用水要求为依据。除适用于农业用水和工业用水外，适当处理后，可作为生活饮用水。

Ⅴ类：不宜饮用，其他用水可根据用水目的选用。

地下水质量评价方法包括各单项组分评价和综合评价两种。

各单项组分（即各单项水质指标）评价，是根据待评价组分的实测值，对照表4-16，划分各单项组分所属质量类别（不同类别标准值相同时，从优不从劣）。

综合评价，要求参评的项目，应不少于该标准规定的监测项目，但不包括细菌学指标。采用加附注的评分方法。步骤如下。

（1）根据表4-16，划分各单项组分所属质量类别，并根据表4-17中第一、二行，对各类别分别确定各单项组分的评价分值（不包括细菌学指标）。

（2）按式（4-43）、式（4-44）计算综合评价分值 F：

$$F = \sqrt{(\overline{F^2} + F_{max}^2)/2} \tag{4-43}$$

$$\overline{F} = \frac{1}{n}\sum_{i=1}^{n} F_i \tag{4-44}$$

式中　F_i——各单项组分的评分值；

　　　$\overline{F}$——各单项组分评分值 F_i 的平均值；

　　　F_{max}——各单项组分评分值 F_i 中的最大值；

　　　n——项数。

（3）根据 F 值，由表4-17中的第三、四行，划定地下水质量级别，再将细菌学指标评价类别标注在级别定名后，例如"优良（Ⅰ类）"。

表 4-17　单项组分评价分值与地下水质量级别划分

类别	Ⅰ	Ⅱ	Ⅲ	Ⅳ	Ⅴ
F_i	0	1	3	6	10
级别	优良	良好	较好	较差	极差
F	<0.80	0.80~<2.50	2.5~<4.25	4.25~<7.20	>7.20

在进行地下水质量评价时，除采用上述方法外，也可采用其他评价方法。

五、供水资源水质评价

（一）生活饮用水与饮用水源水质评价

我国规范《生活饮用水卫生标准》（GB 5749—85）中涉及 35 项指标，修订后《生活饮用水卫生标准》（GB 5479—2006）扩展为 105 项指标（不包括消毒剂常规指标），这表明对饮水安全的重视程度不断提高，从另一侧面也反映了污染物质的多样性和复杂性。

限于篇幅，表 4-18 列出《生活饮用水卫生标准》（GB 5749—2006）中的常规指标（能反映生活饮用水水质基本状况的水质指标）及限制值。小型集中式供水和分散式供水因条件限制，部分指标及限制见表 4-19，其余常规指标仍按表 4-18 执行。

表 4-18　生活饮用水水质常规指标及限值

指标	限值
1. 微生物指标[①]	
总大肠菌群/(MPN/100mL 或 CFU/100mL)	不得检出
耐热大肠菌群/(MPN/100mL 或 CFU/100mL)	不得检出
大肠埃希氏菌/(MPN/100mL 或 CFU/100mL)	不得检出
菌落总数/(CFU/mL)	100
2. 毒理指标	
砷/(mg/L)	0.01
镉/(mg/L)	0.005
铬（六价）/(mg/L)	0.05
铅/(mg/L)	0.01
汞/(mg/L)	0.001
硒/(mg/L)	0.01
氰化物/(mg/L)	0.05
氟化物/(mg/L)	1
硝酸盐（以 N 计）/(mg/L)	10 地下水源限制时为 20
三氯甲烷/(mg/L)	0.06
四氯化碳/(mg/L)	0.002
溴酸盐（使用臭氧时）/(mg/L)	0.01
甲醛（使用臭氧时）/(mg/L)	0.9
亚氯酸盐（使用二氧化氯消毒时）/(mg/L)	0.7
氯酸盐（使用复合二氧化氯消毒时）/(mg/L)	0.7

指标	限值
3. 感官性状和一般化学指标	
色度（铂钴色度单位）	15
浑浊度（散射浊度单位）/NTU	1 水源与净水技术条件限制时为 3
臭和味	无异臭、异味
肉眼可见物	无
pH（pH 单位）	不小于 6.5 且不大于 8.5
铝/(mg/L)	0.2
铁/(mg/L)	0.3
锰/(mg/L)	0.1
铜/(mg/L)	1
锌/(mg/L)	1
氯化物/(mg/L)	250
硫酸盐/(mg/L)	250
溶解性总固体/(mg/L)	1000
总硬度（以 $CaCO_3$ 计）/(mg/L)	450
耗氧量（COD_{Mn}法，以 O_2 计）/(mg/L)	3 水源限制，原水耗氧量＞6mg/L 时为 5
挥发酚类（以苯酚计）/(mg/L)	0.002
阴离子合成洗涤剂/(mg/L)	0.3
4. 放射性指标[②]	指导值
总 α 放射性/(Bq/L)	0.5
总 β 放射性/(Bq/L)	1

① MPN 表示最可能数；CFU 表示菌落形成单位。当水样检出总大肠菌群时，应进一步检验大肠埃希氏菌或耐热大肠菌群；水样未检出总大肠菌群，不必检验大肠埃希氏菌或耐热大肠菌群。

② 放射性指标超过指导值，应进行核素分析和评价，判定能否饮用。

表 4-19　生活饮用水小型集中式供水和分散式供水部分指标及限值

指标	限值
1. 微生物指标	
菌落总数/(CFU/mL)	500
2. 毒理指标	
砷/(mg/L)	0.05
氟化物/(mg/L)	1.2
硝酸盐（以 N 计）/(mg/L)	20
3. 感官性状和一般化学指标	
色度（铂钴色度单位）	20
浑浊度（散射浊度单位）/NTU	3 水源与净水技术条件限制时为 5

指标	限值
pH	不小于 6.5 且不大于 9.5
溶解性总固体/(mg/L)	1500
总硬度（以 $CaCO_3$ 计）/(mg/L)	550
耗氧量（COD_{Mn}法，以 O_2 计）/(mg/L)	5
铁/(mg/L)	0.5
锰/(mg/L)	0.3
氯化物/(mg/L)	300
硫酸盐/(mg/L)	300

水质非常规指标及限值、集中式供水出厂水中消毒剂限值和管网末梢水中消毒剂余量等详见该规范。

对于饮用水源水质评价，采用地表水为生活饮用水水源时，采用的标准为《地表水环境质量标准》（GB 3838—2002）中第Ⅱ、Ⅲ类水质标准（经省人民政府批准的饮用水源一级保护区执行Ⅱ类标准）；采用地下水为生活饮用水水源时，采用的标准为《地下水质量标准》（GB/T 14848—93）中第Ⅲ类水质标准。水质指标体系及标准值分别见本节第三部分和第四部分。

对生活饮用水与饮用水源地水质评价方法，主要采用单项水质指数法，即针对各个单因子评价，评价结果应说明水质达标情况，超标的应说明超标项目和超标倍数。

【案例 4-5】 某水库为某城市生活饮用水水源地。2014 年 6 月水质监测值如表 4-20。试进行水质评价。

表 4-20　某城市的生活饮用水水源地水质指标监测值与单项水质指数

项目	监测值	限值	I_d	项目	监测值	限值	I_d
氰化物/(mg/L)	0.004	0.2	0.02	总磷/(mg/L)	0.04	0.05	0.80
氟化物/(mg/L)	0.71	1.0	0.71	挥发酚/(mg/L)	0.002	0.005	0.40
砷化物/(mg/L)	0.007	0.05	0.14	铜/(mg/L)	0.022	1.0	0.02
六价铬/(mg/L)	0.004	0.05	0.08	铁/(mg/L)	0.15	0.3	0.50
总汞/(mg/L)	0.00005	0.0001	0.50	锰/(mg/L)	0.26	0.1	2.60
镉/(mg/L)	0.009	0.005	1.80	硫酸盐/(mg/L)	170	250	0.68
铅/(mg/L)	0.02	0.05	0.40	氯化物/(mg/L)	153	250	0.61
总氮/(mg/L)	0.6	1.0	0.60	硝酸盐氮/(mg/L)	0.1	10	0.01

方法与步骤：

（1）该水库作为生活饮用水水源地，属地表水源，应根据《地表水环境质量标准》（GB 3838—2002）中第Ⅲ类水质标准进行评价。根据该规范确定各水质指标的限值，并计算各水质指标的单项水质指数，填入表 4-20 中。

（2）由各水质指标的单项水质指数可知，除镉、锰外，其他水质指标均达标。

（3）镉、锰分别超标 0.8 倍、1.6 倍。该水库水质不符合生活饮用水水源地水质要求。若限于条件需作为生活饮用水水源地时，经水厂净化处理后，所有水质指标必须达到生活饮用水卫生标准的要求。

水资源与取水工程

（二）其他供水对象水质评价

工业用水大致分为三类，冷却用水、锅炉用水，生产技术用水。它们对水质的要求各不相同。即便是生产技术用水，如造纸、化工、印染、冶炼、电子、食品等对供水水质的要求和限定的水体关键化学组分也具有较大的差异性。有关工业用水水质要求参见有关文献。

为了保护农田的土壤、地下水源、保证农产品质量，以及使农田灌溉用水的水质符合农作物的正常生产需要，对农田灌溉水质进行评价，现行标准为《农田灌溉水质标准》（GB 5084—2005）。

为防止和控制渔业水域水质污染，保证鱼、贝、藻类正常生长、繁殖和水产品的质量，对渔业水域水质进行评价，现行标准为《渔业水质标准》（GB 11607—1989）。

第六节　我国水资源可持续开发方略与措施简介

一、水资源过度开发引发的后果

我国水资源开发利用至今已有 5000 多年历史。大禹治水三过家门而不入，西门豹战胜装神弄鬼的巫婆和危害一方的劣绅，用科学手段治水并引漳河水灌溉至今传为佳话；李冰父子修筑都江堰，开凿于春秋战国时期完成于隋朝的京杭大运河等铭记着我国水利史上的辉煌。新中国成立后，我国的水利建设更是取得了举世瞩目的成就。三峡工程、南水北调工程等建成运营，则展示了我国现代水利建设的更加宏伟的篇章。

三峡工程的建成运营，使荆江段防洪标准由过去的 10～20 年一遇提高到 100 年一遇。

黄河小浪底工程的建成运营，使开封以下的防洪标准由过去的 60 年一遇，提高到 1000 年一遇。

淮河入海水道的建成运营，使洪泽湖的防洪标准由过去的 50 年一遇，提高到 100 年一遇。

南水北调中线工程历时 11 年建设，于 2014 年 12 月 12 日通水，途经河南河北天津，最后抵达北京，每年向北方供水 95 亿立方米，惠及沿线约 1 亿人口；南水北调东线 2013 年 11 月 15 日正式通水，目前供水范围江苏、安徽、山东，受益约 1 亿人口。

但不可否认，存在水资源过度开发的现象，且引发了一系列水及水环境问题。例如，1997 年黄河断流达 226 天，山东省全境断流，造成下游水慌，不合理开发是出现这一现象的原因之一。再如，社会经济的发展及城市化进程加快，地下水开采量增加而导致超采，引发了一系列水环境问题。一是地面下沉，截至 2012 年数据，全国发生地面沉降灾害的城市超过 50 个，全国累计地面沉降量超过 200mm 的地区达到 7.9 万平方千米，因地面沉降造成的经济损失超过 3000 亿元，其中上海最为严重，因地面沉降直接经济损失达 145 亿元，间接经济损失达 2754 亿元。二是地面塌陷，例如，泰安市泰成铁路三角区有 40 余处塌陷，铁路部门不得不采用铺设汉桥、水泥注浆等措施控制地面坍塌，耗资近 3000 万元。三是海水入侵和咸水入侵，据有关调查资料分析，目前我国辽宁省黄海和渤海沿岸、山东省胶东半岛等地的部分沿海地区已发生海水入侵。

二、水资源可持续开发方略与措施简介

水资源可持续开发是指水资源供求长期处于良性循环，不致造成可利用水量日益减少或

水体水质下降而丧失使用价值。

1. 从工程水利向资源水利转变

资源水利是指把水资源与国民经济和社会发展紧密联系起来，进行综合开发、科学管理，具体概括为水资源的开发、利用、治理、配置、节约、保护六个方面。我国在水资源合理配置方面已取得了显著成效。例如，通过依法统一调度和科学配置水资源，解决和避免黄河断流问题，使黄河入海口东营湿地生机盎然。再如，南水北调是水资源跨流域科学配置的成功范例。

2. 从传统水利向可持续发展水利转变

要实现水资源可持续开发，科学管理是关键的一环。2011年中央一号文件严格管理水资源的三条红线：（1）建立开发利用的红线，严格实行用水总量控制；（2）建立用水效率控制红线（例如农业灌溉水有效利用系数达0.55以上）；（3）建立水功能区限制纳污的红线，严格控制入河排污总量。

3. 从控制洪水向管理洪水转变

洪水管理是指人类按可持续发展原则，以协调人与洪水的关系为目的，理性规范洪水调控行为与增强自适应能力等一系列活动的总称。"管理洪水"既要适度控制洪水，改造自然，又要主动适应洪水，与自然和谐相处，给洪水留有足够的空间和出路。

上述新理念，绝不意味着从工程措施转向非工程措施，忽视工程措施，而是两者的有机结合，是通过综合运用非工程措施，使工程措施的建设与调度运用，更有利于人类与自然和谐共处。

三、洪水资源化及建设海绵城市的理念与措施

（一）我国洪灾与涝灾态势的变化

洪灾指江河洪水泛滥、山洪暴发、泥石流等灾害（由客水或外水形成）；涝灾指由当地暴雨形成的径流未能及时排除所造成的灾害（由内水形成）。

流域洪水和沥涝之间存在相互影响、相互制约、相互叠加的关系：河道洪水位高，则涝水难以排出；排涝能力强，则增加河道洪水流量，抬高河道水位，加大防洪压力和堤防失事的可能性。当出现流域性洪水灾害时，平原发生洪水泛滥的地区通常已积涝成灾。例如，1954年长江洪水期间，长江中下游洪水泛滥区多为先涝后洪，那些遭受洪灾的圩垸，80%～85%都已先积涝成灾，洪水泛滥则使其雪上加霜。

根据以往水灾统计资料，涝灾在水灾损失中所占的比例呈增长趋势，涝灾态势日趋恶化的主要原因如下：其一，平原地区天然水面严重萎缩，原有水面被大量围垦，成为低洼易涝耕地。其二，随着城市化进程，城市向周边地区高速扩张，城市不透水面积的增加，导致地表积涝水量增多，而排涝通道和滞蓄雨水设施不充分，一旦发生较强的降雨将造成严重内涝。其三，一些地区，流域防洪工程体系的建设和防洪标准的提高，将会有效地减少河道洪水泛滥的概率和淹没的面积，但工程保护面积的增加通常伴随着同等降雨条件下河道流量的增加和水位的抬高，使得排涝更为困难。例如，1999年太湖流域水灾是涝灾大于洪灾。

（二）城市地区洪涝灾害损失呈增长趋势

20世纪80年代以来，我国进入城市化高速发展时期。在快速城市化的进程中，城市洪涝灾害特性发生了很大变化。① 城市面积逐步扩大，人口和资产密度增加，使得同等淹没条件下，水灾损失增加；② 城市正常运营对供水、供电、供气、交通、通信、计算机网络等系统的依赖性大为提高，任何系统的瘫痪都会带来灾难性的影响；③ 城区不透水面积大

幅度增加，就地蓄水和消化涝水的能力减弱，径流系数显著加大；④ 供水不足的城市，因大量开采地下水而导致的地面沉陷，使得城市内涝问题更为严重；⑤ 大城市的"热岛效应"甚至可能改变局域气候，造成城区降雨强度的增大；⑥ 城市空间的立体开发，使得城市地下设施的防涝保护十分艰巨。上述因素的影响，在同等降雨或外来洪水发生时，洪涝灾害损失呈增长趋势。

（三）洪水资源化及建设海绵城市的理念与措施

洪水、涝水作为自然现象，减少或避免洪涝损失，除"从控制洪水向管理洪水转变"的理念与措施外，将洪水资源化也是有效措施。洪水资源化是指综合运用工程和非工程措施，将常规排泄入海或泛滥的洪水在安全、经济可行的前提下部分转化储存为可利用的资源。洪水资源化可缓解水资源紧张的矛盾、减轻洪水灾害、改善水环境，可谓一举多得。

洪水资源化途径与措施主要包括：在保证安全的前提下，适当调整已达标水库的汛限水位或多蓄洪水，或放水于下游河道；利用洪水前峰，清洗受污染的河道，改善水环境；完善和建设洪水利用工程体系，有控制地引洪水于田间、湿地，或回补地下水，或蓄洪于湿地和蓄滞洪区；综合利用水库、河网、渠系、湿地和蓄滞洪区，调洪互济，蓄洪或回补地下水；建设和完善城市雨洪利用体系，实现防洪、治涝和雨洪资源化等多项功效。洪水资源化的措施很多，不一一列举。

对于城市水资源利用与涝水的防治，我国提出了建设海绵城市的新理念。所谓海绵城市，是指具有自然积存、自然渗透、自然净化的设施，能够对雨水进行吸纳、蓄渗和缓释，有效缓解城市内涝、削减城市径流污染负荷、节约水资源、保护和改善城市生态环境等功能的城市。2014 年 11 月 2 日，住建部对外印发《海绵城市建设技术指南》，强调降雨就地或就近吸收。

建设海绵城市有利于解决城市水资源短缺问题。研究表明，自然生态系统中 60% ～80% 的雨水渗透到地下，其余产生径流流走。而城市硬化地面的增多，只有 20% 的水能回渗到地下，80% 全部流走。建设海绵城市可以实现雨洪资源的有效利用，在一定程度上缓解城市水资源短缺问题。

建设海绵城市有利于减少城市洪涝灾害。我国一些城市，一遇暴雨，就变成"泽国"。2012 年，全国有 184 座城市进水受淹或发生内涝，其中北京、重庆、天津等特大城市内涝严重。建设海绵城市，将防、排、渗、蓄、滞、处理等措施有机结合，将极大地减轻城市防洪排涝的压力，有效减少城市洪涝灾害发生频率和损失。

建设海绵城市有利于改善城市生态环境。地面硬化直接减少了城市绿地面积，阻断了雨水补给地下水的途径，使城市地下水水位难以回升，从而进一步加剧了城市的干旱缺水以及地面沉降等问题；雨水降落到建筑物顶层、路面、广场等下垫面上，冲刷其上大量污染物质，有时暴雨还造成污水倒灌，进入城市排水系统，排入受纳水体，给城市生态系统造成严重污染；城市地面硬化还能加剧城市热岛效应，加重空气污染。建设海绵城市，将增加城市绿色空间，收集和处理的雨洪水可用于生产、生活，也可作为景观用水或补给地下水，改善城市生态环境。

建设海绵城市包括工程措施和非工程措施。工程措施包括屋顶绿化、低势绿地、多孔路面、雨水花园、植被浅沟、雨水桶等；修建截污雨水井、渗透沟（管）渠、雨水过滤池或沉淀池、渗漏坑、雨水湿地、缓冲带、生态堤岸等。非工程措施包括城市环境管理、清扫路面等。

思考题与技能训练题

1. 试写出直接法和间接法计算区域水资源量的基本公式。
2. 试写出采用代表站法计算区域地表水资源量的方法。
3. 地下水包括哪些补给量？各项补给量如何计算？
4. 地下水包括哪些排泄量？各项排泄量如何计算？
5. 某区域已知某次降水入渗补给地下水的水深为 30mm，若该区域潜水含水层给水度为 0.05，则该降水入渗补给量使潜水位上升的高度为多少？

6. 某区域含水层示意图如图 4-6 所示，已知弱透水层厚度 15m，其渗透系数为 0.001m/d。承压水位与潜水位之差为 3m，潜水含水层给水度为 0.04。试求一年内承压水对潜水越流补给的水深以及由此引起潜水位上升的高度。

7. 某区域面积 1000km²，根据区域有关资料，已知降水入渗补给系数为 0.30，潜水含水层给水度为 0.05。若某次降水量为 100mm，试计算：

(1) 该区域本次降水产生的降水入渗补给量（m³）。
(2) 该次降水使得该区域潜水位的上升值（m）。

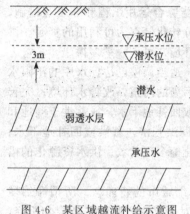

图 4-6 某区域越流补给示意图

8. 某平原区多年平均地表水、地下水资源量计算数据如表 4-21 所示。试根据表 4-21 中数据，计算该区域的总水资源量，以及包含地下水入境水量在内的总水资源量。

表 4-21 某平原区地表水、地下水资源量　　　单位：亿立方米

自产地表水			地下水				
地面径流量	基流量	合计	降水入渗补给量	地下水侧向补给量	河水入渗补给量	渠灌补给量	合计
28	6	34	20	9	4	2	35

9. 尼梅罗水质指数 PI 计算公式中平均水质指数如何表示？$\left(\dfrac{C_i}{C_{0i}}\right)_{max}$ 代表什么含义？尼梅罗水质指数法有何优点？

10. 某生活饮用水地表水水源地有关水质指标的实测值如表 4-22 所示。（1）试计算各单项水质指数并评价水质；（2）计算平均水质指数、尼梅罗水质指数。

表 4-22 某水源地各项水质指标的实测值

项目	实测值	项目	实测值
pH	7.2	镉/(mg/L)	0.008
氰化物/(mg/L)	0.03	铅/(mg/L)	0.005
氟化物/(mg/L)	0.8	溶解性总固体/(mg/L)	850
砷化物/(mg/L)	0.01	总硬度/(mg/L)	500
六价铬/(mg/L)	0.06	挥发酚/(mg/L)	0.001
总汞/(mg/L)	0.002		

第五章
地下水取水构筑物

学习指南

开采地下水常用的取水构筑物主要有两类：一类是垂直式取水构筑物，如管井、大口井等；另一类是水平式取水构筑物，如渗渠等。本章将学习各种地下取水构筑物的适用条件、构造、设计计算、施工及运行管理。依据的主要规范有：《管井技术规范》（GB 50296）、《室外给水设计规范》（GB 50013）。学习目标如下。

（1）能熟练表述及应用下列术语或基本概念：完整井、非完整井、管井的单位出水量、井群互阻系统、反滤层、井壁进水流速、入管流速等。

（2）能熟练表述各类地下水取水构筑物的构造；理解适用条件。

（3）能熟练应用完整井理论公式进行管井的水力计算；能采用经验公式法进行管井的水力计算。

（4）能进行井群互阻计算。

（5）能依据有关规范进行管井过滤器的选择与设计，并进行管井出水流量的设计复核。

（6）能熟练表述管井的施工程序及各道工序的作用或目的与方法。

（7）熟知大口井、渗渠的反滤层的作用与施工方法。

（8）能进行大口井、渗渠、复合井的出水量计算。

第一节　概　　述

地下水取水构筑物是给水工程中的重要组成部分，它是从地下水源中集取原水的构筑物，其取水送至水厂或用户。地下水取水构筑物的位置应根据水文地质条件选择，并符合下列要求：

（1）位于水质好、不易受污染的富水地段；

（2）尽量靠近主要用水地区；

（3）施工、运行和维护方便；

（4）尽量避开地震区、地质灾害区和矿产采空区。

地下水取水构筑物按取水形式分为两大类：垂直取水构筑物——井；水平取水构筑物——渠。井可用于开采浅层地下水，也可用于开采深层地下水，主要形式有管井、大口井、辐射井及复合井等；渠主要依靠其较大的长度来集取浅层地下水，其主要形式为渗渠。地下水取水构筑物的型式与含水层的岩性构造、厚度、埋深及其变化幅度有关，同时还与设备材料供应情况、施工条件和工期等因素有关。其型式选择，首先考虑的是含水层厚度和埋藏条件，并通过技术经济比较确定。表 5-1 给出了各种地下水取水构筑物适用条件。

表 5-1　各种地下水取水构筑物适用条件

类型	含水层厚度	含水层底板埋深	备注
管井	>4m	>8m	在深井泵性能允许的状况下，不受地下水埋深限制；适用于任何砂层、卵石层、砾石层、构造裂隙、溶岩裂隙等含水层，适用范围最为广泛
大口井	5m 左右	<15m	适用于砂、卵石、砾石层，地下水补给丰富，含水层透水性良好的地段
渗渠	<5m	渠底埋深<6m	适用于中砂、粗砂、砾石或卵石层；最适宜于开采河床渗透水
泉室			适用于有泉水露头、流量稳定，且覆盖层厚度小于 5m 的地域

本章主要介绍管井、大口井的构造与形式、设计计算、施工、运行管理；渗渠、辐射井及复合井的构造、出水量计算等。

第二节　管　井

一、管井的形式与构造

（一）管井的形式

管井指用凿井机械开凿至含水层中，用井壁管保护井壁，垂直地面的直井，也称为机井。

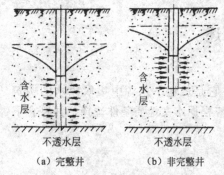

（a）完整井　　（b）非完整井

图 5-1　完整井和非完整井

按建造目的，管井分为供水管井、施工降水管井、热源管井、回灌管井。本章所述内容均指供水管井，且以下简称管井。

管井按揭露含水层类型分为潜水井和承压水井；按揭露含水层的程度划分为完整井和非完整井，如图 5-1 所示。完整井是指井的进水部分穿过全部含水层厚度，直达含水层底板；非完整井是指井的进水部分穿过部分含水层，未达含水层底板，或井底虽位于含水层底板，但井的进水部分只开采部分含水层。

管井的直径一般 50～1000mm，常见的管井直径为 200～500mm；井深一般在 300m 以内，最深可达 1000m 以上。随着凿井技术的发展和浅层地下水的枯竭与污染，管井的深度也在不断增加。

（二）管井的构造

管井主要由井室、井壁管、过滤器、沉淀管等组成。如图 5-2 所示。

1. 井室

井室是安装各种提水设备（如水泵、电机、阀门及控制柜等）、保护井口和进行维修的场所。井室可建成地下式、半地下式、地面式。为防止井室中地面的积水进入井内，井管口应高出泵房地面 0.2m，并应防止杂物进入。为防止地下含水层被污染，《室外给水设计规范》（GB 50013—2006）指出，管井井口应加设套管，并填入优质黏土或水泥浆等不透水材料封闭，其封闭厚度应根据当地水文地质条件确定，并应自地面算起向下不小于 5m。当井上直接有建筑物时，应自基础底向下算起。井室应有一定的采光、通风、防水和防潮设施。

此外，管井的设计应设置水位监测口，以便监测地下水位的动态变化。一般是在管井泵座上预留一小孔，并采取一定措施防止杂物投入或误入。

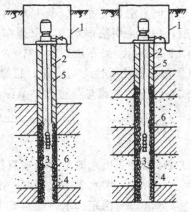

（a）单层过滤器管井　（b）双层过滤器管井

图 5-2　管井的构造
1—井室；2—井壁管；3—过滤器；
4—沉淀管；5—黏土封闭；6—规格填砾

2. 井壁管

支撑和封闭井壁的无孔管，位于井口以下至过滤器之间的管段，称为井壁管。井壁管应具有足够的强度，使其能够经受地层和人工填充物的侧压力，并且应尽可能不弯曲，内壁平滑，以利于安装抽水设备和井的清洗、维修。井壁管可以是钢管、铸铁管、钢筋混凝土管、石棉水泥管、塑料管等。一般情况下，钢管适用的井深范围不受限制，但随着井深的增加应相应增大壁厚。铸铁管一般适用于井深小于 250m 范围，它们均可用管箍、丝扣或法兰连接。钢筋混凝土管适用井深不大于 150m 的范围，常用管顶预埋钢板圈焊接连接。井壁管直径按水泵类型、吸水管外形尺寸等确定。当采用深井泵或潜水泵时，井壁管内径应大于水泵井下部分最大外径 50mm。通常井壁管内径大于或等于过滤器的内径。当井壁管内径大于过滤器内径时，井壁管需设置过渡段，以便与过滤器连接。

井壁管与井壁之间要有黏土封闭层，以避免不良水质沿井壁管与井壁之间的环形空间流向过滤器的填砾层，并通过填砾层进入井中。

3. 过滤器

位于开采段，起滤水、挡砂、护壁作用的装置，称为过滤器。过滤器的骨架管，称为过滤管，也称为过滤器，其表面有进水孔。为防止含水层砂粒进入井中，使井具有良好的水质且保持水层稳定，需在过滤器与井壁之间的环形空间内回填规格滤料，称为人工反滤层。

过滤器是管井最重要的组成部分。它的构造、材质、施工安装质量对管井的出水量、含沙量和工作年限有很大影响，所以过滤器的构造形式和材质的选择非常重要。对过滤器的基本要求是：应有足够的强度和抗腐蚀性能；具有良好的透水性能且能保持人工填砾和含水层的渗透稳定性。

4. 沉淀管

沉淀管指安装在过滤器下端的不透水管段。沉淀管用于沉淀井中的细小泥沙颗粒及其他沉淀物，以保证管井的正常使用寿命。沉淀管长度视含水层厚度和颗粒大小而定，宜为2～10m。

二、管井的水力计算

管井的出水量、井中水位降落深度是地下水开发与利用的重要数据，也是选择井泵的依据。水力计算的主要内容是在水文地质参数已知时，研究出水量 Q 与管井水位降落值 S 之间的关系，进而已知其一求另一个。计算方法有理论公式法、经验公式法等。

（一）理论公式法

1. 稳定流完整井

（1）潜水完整井。管井水力计算的理论公式繁多，计算地下水稳定流条件下井的出水量，一般采用法国水力学家裴布依（Dupuit）1863 年导出的公式。潜水完整井计算简图如图 5-3 所示。裴布依假定：① 含水层是均质、等厚各向同性的；② 含水层底板是水平的；③ 渗流服从线性渗透定律，且忽略水流向井中运动的垂向分流速。在上述假定下导出稳定抽水时（抽水流量与边界供给流量相等）潜水完整井公式为：

$$Q = \frac{1.37K(H^2 - h_0^2)}{\lg \dfrac{R}{r_0}} = \frac{1.37K(2H - S_0)S_0}{\lg \dfrac{R}{r_0}} \tag{5-1}$$

式中　Q——出水流量（涌水流量），$\mathrm{m^3/d}$；

　　　H——潜水含水层厚度，m；

　　　h_0——稳定抽水时，与 Q 相应的井外壁水位至潜水含水层底板的高度，m；

　　　S_0——稳定抽水时，与 Q 相应的井外壁水位降落深度，m；

　　　r_0——过滤器外面层的半径，m；

　　　R——影响半径，即井孔中心至降落漏斗边缘的水平距离，m；

　　　K——渗透系数，m/d。

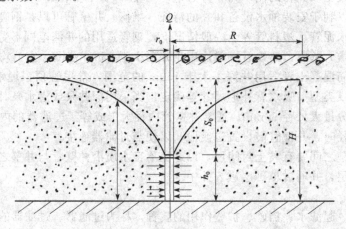

图 5-3　潜水完整井计算简图

【案例 5-1】　某一潜水完整井，含水层厚度 $H = 26.0\mathrm{m}$，渗透系数 $K = 10\mathrm{m/d}$，井径 20cm，影响半径 250m，试求降深 7m 时的稳定出水量。

解： 由题设 $r_0 = 10\mathrm{cm} = 0.1\mathrm{m}$。

$$Q = \frac{1.37K(2H - S_0)S_0}{\lg \dfrac{R}{r_0}} = \frac{1.37 \times 10(2 \times 26 - 7) \times 7}{\lg \dfrac{250}{0.1}}$$

$$= 1270\mathrm{m^3/d}$$

（2）承压水完整井。承压水完整井计算简图，如图 5-4 所示，其计算公式为：

$$Q = \frac{2.73KM(H - h_0)}{\lg \dfrac{R}{r_0}} = \frac{2.73KMS_0}{\lg \dfrac{R}{r_0}} \tag{5-2}$$

式中　H——承压水位至含水层底板距离，m；

　　　M——承压含水层厚度，m。

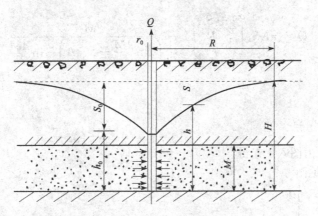

图 5-4 承压水完整井计算简图

其他符号含义同前。

上述公式中水文地质参数 K、R 应根据抽水试验来确定，也可参考经验数据，K 的经验值见表 3-3，R 的经验值见表 5-2。

表 5-2　不同岩土地层影响半径的经验值

地层类型	地层颗粒		影响半径 R/m	地层类型	地层颗粒		影响半径 R/m
	粒径/mm	所占质量/%			粒径/mm	所占质量/%	
粉砂	0.05～0.1	70 以下	25～50	极粗砂	1～2		400～500
细砂	0.1～0.25	＞70	50～100	小砾石	2～3		500～600
中砂	0.25～0.5	＞50	100～300	中砾石	3～5	＞50	600～1500
粗砂	0.5～1.0	＞50	300～400	粗砾石	5～10		1500～3000

2. 稳定流非完整井

其他条件相同时，非完整井的出水流量小于完整井的出水流量。这是由于流线在非完整井附近发生了很大的弯曲，造成地下水流向非完整时，阻力增加的缘故。

（1）承压含水层非完整井。承压含水层非完整井如图 5-5 所示，计算公式较多，常用公式为：

$$Q = \frac{2.73KMS_0}{\frac{1}{2\bar{h}}\left(2\lg\frac{4M}{r_0} - A\right) - \lg\frac{4M}{R}} \qquad (5\text{-}3)$$

式中　$\bar{h}$——过滤器插入含水层的相对深度，$\bar{h} = \dfrac{l}{M}$；

　　　l——过滤器长度，m；

　　　A——$A = f(\bar{h})$，其关系线见图 5-6，查该图确定 A。

其他符号含义见图 5-5。

式（5-3）适用于仅井壁进水，且 $l > 0.3M$、过滤器位于含水层顶部的情况。

对于很厚的承压含水层，$l \leqslant 0.3M$ 且过滤器位于含水层顶部时

$$Q = \frac{2.73KlS_0}{\lg\frac{1.6l}{r_0}} \qquad (5\text{-}4)$$

式（5-4）称为吉林斯基公式，见《地下水资源勘察规范》（SL 454—2010）。

（2）潜水含水层非完整井。潜水含水层非完整井，如图 5-7 所示，其出水量计算式为：

$$Q = \pi K S_0 \left(\frac{l + S_0}{\ln \frac{R}{r_0}} \right) + \frac{2M}{\frac{1}{2h}\left(2\ln\frac{4M}{r_0} - 2.3A\right) - \ln\frac{4M}{R}} \tag{5-5}$$

式中 $M = h_0 - \dfrac{l}{2}$;

        $\bar{h} = \dfrac{0.5l}{M}$;

        $A = f(\bar{h})$，由图 5-6 查得。

其他符号含义见图 5-7。

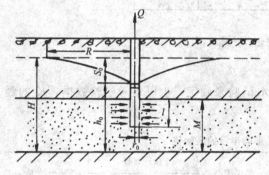

图 5-5 承压含水层非完整井计算简图

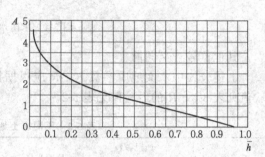

图 5-6 $A\text{-}\bar{h}$ 关系图

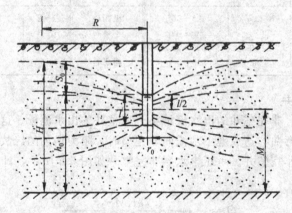

图 5-7 无压含水层非完整井计算简图

式 (5-5) 适用于仅井壁进水，$l/2 > 0.3M$ 的情况。对于 $l/2 \leqslant 0.3M$ 时，采用式 (5-6)。

$$Q = \pi K S_0 \left(\frac{l + S_0}{\ln \frac{R}{r_0}} + \frac{l}{\ln \frac{0.66l}{r_0}} \right) \tag{5-6}$$

以上公式以稳定流理论为前提。严格地说，应按非稳定流计算，非稳定流管井出水量的理论公式常用泰斯公式，参考地下水有关书籍。

（二）经验公式法（抽水试验法）

裘布依公式是在一定假定基础上导出的，自然界的水文地质条件很难完全满足这些条件，从而导致较大计算误差。实际工作中另一途径是利用抽水试验资料研究 $Q\text{-}S$ 的相关关系，此法能比较客观地反映 $Q\text{-}S$ 的变化规律。

稳定流抽水试验的方法已在第三章介绍过，根据抽水试验资料研究 $Q\text{-}S$ 的相关关系，水位降深与流量的观测值 (S_i, Q_i)，$i = 1, 2, \cdots, n$，要求不少于 3 组。根据 (S_i, Q_i)，

$i=1, 2, \cdots, n$，建立经验公式的方法如下。

（1）绘制散点图，分析流量 Q 与水位降深 S 关系线类型。常见 4 种类型，见表 5-3。

表 5-3　流量 Q 与水位降深 S 关系曲线的类型

曲线类型	经验公式	Q-S 相关线	线性化后的公式	常见情况
直线型	$Q=qS$			常见于承压含水层
抛物线型	$S=aQ+bQ^2$		$S'=S/Q=a+bQ$	常见于补给条件好，含水层较厚，储水量较大地区
幂函数型	$Q=n\sqrt[m]{S}$		$\lg Q=\lg n+\dfrac{1}{m}\lg S$	常见于渗透性好，厚度较大，但补给差的含水层
半对数型	$Q=a+b\lg S$		$Q=a+b\lg S$	常见于补给条件或富水性较差的含水层

（2）对上述 4 种类型，分别进行 Q-S、Q-S'、$\lg Q$-$\lg S$、Q-$\lg S$ 相关计算，并选用关系线为直线或最接近直线的那种类型。当采用回归分析法时，即线性相关系数最大的那种类型，并确定其相应参数，即得经验公式法的出水量公式。

值得注意的是，使用经验关系 Q-S，由 S 求 Q 时，S 不允许超过实测最大降深的 1.5～2.0 倍。因经验方程是使用实测数据选配的，超出实测数据的范围时，其规律可能发生变化。

【案例 5-2】　某井抽水试验资料如表 5-4 中第（1）列、第（2）列，试确定出水量 Q 与降深 S 关系式，并确定降深 6m 时井的出水量。

方法与步骤：

（1）分别计算 $S'=S/Q=a+bQ$，$\lg S$，$\lg Q$，结果见表 5-4。

表 5-4　抽水试验资料及有关计算

S/m	$Q/(L/s)$	S'	$\lg S$	$\lg Q$
（1）	（2）	（3）	（4）	（5）
1.39	78	0.0178	0.1430	1.8921
2.89	141	0.0205	0.4609	2.1492
3.84	163	0.0236	0.5843	2.2122
5.09	190	0.0268	0.7067	2.2788

（2）分别绘 Q-S、$\lg Q$-$\lg S$、Q-S' 及 Q-$\lg S$ 四种关系图，如图 5-8～图 5-11。

（3）判断关系线类型：四种关系中，图 5-11 的 Q-$\lg S$ 直线相关最密切，故作为选用的类型。

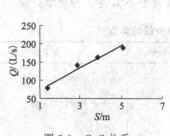

图 5-8　Q-S 关系

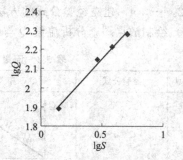

图 5-9　$\lg Q$-$\lg S$ 关系

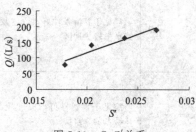

图 5-10　Q-S' 关系

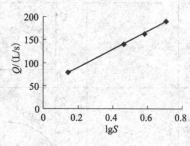

图 5-11　Q-$\lg S$ 关系

（4）确定出水量 Q 与降深 S 关系式及降深 6m 时，井的出水量。

方法一：采用图解法，确定 $a=50$，$b=198.4$，则：

$$Q = 50 + 198.4\lg S$$

计算降深 6m 时，井的出水量 $Q=204.4\text{L/s}$。

方法二：采用回归计算法，直接利用 Excel 软件中"图表向导"功能，完成计算，得：

$$Q = 49.67 + 197.02\lg S$$

相关指数 $R^2=0.9993$，则线性相关系数 $r=\sqrt{R^2}=0.9996\approx1$，进一步定量说明 Q 与 $\lg S$ 直线相关非常密切。

计算降深 6m 时，井的出水量 $Q=202.98\text{L/s}$。

由上述结果可见，当直线关系较密切时，图解法与回归计算法的计算结果非常接近。

采用回归计算法，若不直接利用 Excel 软件中"图表向导"功能时，依据式（2-26）、式（2-27），推求 $Q=a+b\lg S$ 相应的回归系数 a、b 的计算式分别为式（5-7）、式（5-8）：

$$b = \frac{n\sum_{i=1}^{n}(\lg S_i Q_i) - \sum_{i=1}^{n}\lg S_i \sum_{i=1}^{n}Q_i}{n\sum_{i=1}^{n}(\lg S_i)^2 - (\sum_{i=1}^{n}\lg S_i)^2} \tag{5-7}$$

$$a = \overline{Q} - b\,\overline{\lg S} \tag{5-8}$$

分步完成式（5-7）、式（5-8）中各要素的计算，则可确定回归系数 a、b。

当 Q-S 为其他关系类型时，确定经验公式中有关参数的方法与上述方法类似。

三、管井的单位出水量

建造管井的目的和任务是要集取满足水质要求的地下水，并希望出水量越大越好。由式（5-1）和式（5-2）可以看出，Q 的大小不仅与井径、含水层的水文地质参数有关，而且还与水位降深 S_0 成正比。水位降深 S_0 越大，井的出水量 Q 就越大。因此，井径一定时，在不同水位降深条件下，无法比较管井的出水能力，不能完全以其总出水量 Q（m^3/d）来反映出水能力，必须在相同的水位降深条件下，比较和确定管井的出水能力。

通常用单位出水量，表示管井的出水能力，即水位降深 1m 时，管井在单位时间的出水量。记符号 q，单位为 $m^3/(h \cdot m)$ 或 $m^3/(d \cdot m)$，计算式为：

$$q = \frac{Q}{S_0} \tag{5-9}$$

用单位出水量对含水层（带）富水程度分区，见表 5-5，引自《地下水资源勘察规范》（SL 454—2010）。

表 5-5　含水层（带）富水程度分区

分区指标	分区			
	弱富水区	中等富水区	强富水区	极强富水区
钻孔单位出水量 $q/[m^3/(h \cdot m)]$	$q<1$	$1 \leqslant q < 5$	$5 \leqslant q < 10$	$q \geqslant 10$

注：q 为降深 $S=1m$、过滤管半径 $r=100mm$ 时的单位时间出水量。

四、井群系统与井群互阻计算

（一）井群系统

当一眼管井不能满足供水要求时，水源地常由很多眼管井（或大口井）组成，这种由多眼管井（或大口井）组成的抽水系统，称为井群系统，如图 5-12 所示。井群可梅花形布置，也可直线排列，或按网格形布置。

在潜水含水层中，应尽量沿垂直地下水流的方向布置。当井群沿河流布置时，应避开冲刷危险的河岸并与河岸保持一定的距离。

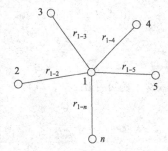

图 5-12　井群系统示意图

若抽水时井与井之间互不干扰，相邻两井的距离应大于或等于两倍的影响半径 R，但这样布置占地面积大，井群分散，供电线路和井间联络管投资大，且不便于管理。一般井群系统的井距 $<2R$，以便减小供电线路和井间联络管的投资，且便于集中控制管理。

当井距小于 $<2R$ 时，相邻两井抽水时必然产生相互干扰，这种现象称为井群互阻。抽水时相互产生干扰的井，称为干扰井。

取水工程中井群互阻计算的目的就是确定互阻影响下的井距、各井的产水量及井数，计算井群的干扰出水量，同时为合理布置井群、进行技术经济比较提供依据。

（二）带一个观测井的稳定流完整井公式

在介绍井群互阻计算之前，首先介绍稳定流完整井带一个观测井（孔）的稳定流完整井公式。

带一个观测井的承压水完整井抽水形成的降落漏斗，如图 5-13 所示，1 号井抽水，2 号井不抽水，为观测井。当两眼井的井距 $r_{1-2}<2R$ 时，1 号井抽水流量 Q_1，在 1 号井产生的水位降深为 S_1；1 号井抽水在 2 号井产生的水位降深，记 t_{2-1}。由式（5-2）得：

$$Q_1 = \frac{2.73KMS_1}{\lg \dfrac{R}{r_{01}}} \tag{5-10}$$

还可导出：

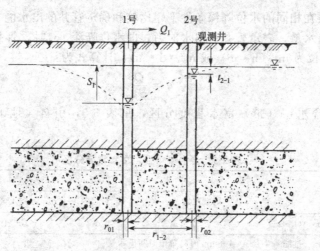

图 5-13　带一个观测孔的承压水完整井抽水示意图

$$Q_1 = \frac{2.73KMt_{2-1}}{\lg \dfrac{R}{r_{1-2}}} \tag{5-11}$$

式中各符号含义同前。

同理，若 1 号井为观测井，2 号井抽水流量 Q_2，在 2 号井产生降深为 S_2；2 号井抽水在 1 号井产生的降深，记 t_{1-2}。

由式（5-2）得：

$$Q_2 = \frac{2.73KMS_2}{\lg \dfrac{R}{r_{02}}} \tag{5-12}$$

还可导出：

$$Q_2 = \frac{2.73KMt_{1-2}}{\lg \dfrac{R}{r_{1-2}}} \tag{5-13}$$

带一个观测孔的潜水完整井抽水形成的降落漏斗，如图 5-14 所示，1 号井抽水，2 号井不抽水，为观测井。当两眼井的井距 $r_{1-2} < 2R$ 时，1 号井抽水流量 Q_1，导致 1 号井外壁水位至含水层底板的高度为 h_{01}、2 号井外壁水位至含水层底板的高度为 h_{2-1}，则由式（5-1）得：

$$Q_1 = \frac{1.37K(H^2 - h_{01}^2)}{\lg \dfrac{R}{r_{01}}} \tag{5-14}$$

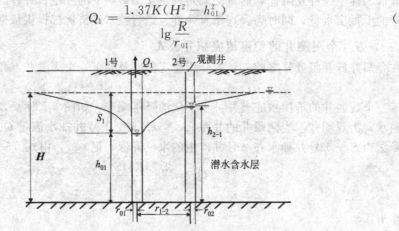

图 5-14　带一个观测孔的潜水完整井抽水示意图

还可导出：

$$Q_1 = \frac{1.37K(H^2 - h_{2-1}^2)}{\lg \dfrac{R}{r_{1-2}}}$$ (5-15)

式中各符号含义同前。

　　若 1 号井为观测井，2 号井抽水流量 Q_2，导致 2 号井井外壁水位至含水层底板的高度为 h_{02}，1 号井井外壁水位至含水层底板的高度为 h_{1-2}，同理可写出 Q_2 与 h_{02}、Q_2 与 h_{1-2} 的关系式，留给读者完成。

（三）井群互阻影响计算

　　以下介绍水位削减法。以两眼承压水完整井为例，结合图 5-15，对干扰抽水互阻影响分析。

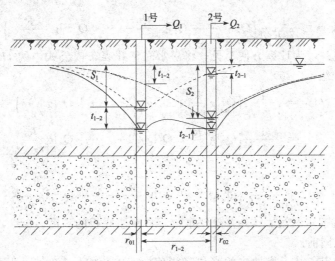

图 5-15　承压完整井出水量不变时干扰抽水互阻影响示意图

　　单独抽水时，若 1 号井出水量 Q_1，2 号井不抽水，则在 1 号井产生降深为 S_1；1 号井抽水对 2 号井产生影响，导致 2 号井产生降深 t_{2-1}。若 2 号井出水量 Q_2，1 号井不抽水，则在 2 号井产生降深 S_2，2 号井抽水对 1 号井产生影响，导致 1 号井产生降深 t_{1-2}。

　　干扰抽水时，若 1 号井与 2 号井的干扰出水量仍分别为 Q_1、Q_2，按水位叠加原理，形成的水位降深曲线如图 5-15 中的实线所示。设干扰抽水 1 号井的降深为 S'_1、2 号井的降深为 S'_2，则有：

$$S'_1 = S_1 + t_{1-2}$$ (5-16)
$$S'_2 = S_2 + t_{2-1}$$ (5-17)

　　可见，两井干扰抽水时，1 号井仍按 Q_1 抽水，而降深 $S'_1 > S_1$，同理，$S'_2 > S_2$。式（5-16）、式（5-17）中，S_1、S_2 分别称为 1、2 号井的有效降深；t_{1-2}、t_{2-1} 分别称为 1、2 号井的附加降深。

　　因此，当井群相互干扰时，如果保持各井的出水量不变，即与单井无干扰时出水量相同时，各井的水位降深值必然大于各井单独工作时的水位降深值；或者当井群共同工作时，如果保持井中水位降深值不变，即与单井无干扰时的水位降深值相同时，各井的出水量必然小于各井单独工作时的出水量。

　　依据式（5-16）、式（5-17）及式（5-10）～式（5-13），可得出井群互阻抽水时各井的水位降深值为：

$$S_1' = \frac{1}{2.73KM}\left(Q_1 \lg \frac{R}{r_{01}} + Q_2 \lg \frac{R}{r_{1-2}}\right) \Bigg\}$$
$$S_2' = \frac{1}{2.73KM}\left(Q_2 \lg \frac{R}{r_{02}} + Q_1 \lg \frac{R}{r_{1-2}}\right) \Bigg\} \tag{5-18}$$

当互阻抽水的各井降深 S_1'，S_2' 一定时，解方程组（5-18），可解得干扰出水量 Q_1，Q_2，或反之。

方程组（5-18）可推广到 n 眼井互阻抽水的情况，各井的水位降深值为：

$$S_1' = \frac{1}{2.73KM}\left(Q_1 \lg \frac{R}{r_{01}} + Q_2 \lg \frac{R}{r_{1-2}} + \cdots + Q_n \lg \frac{R}{r_{1-n}}\right)$$
$$S_2' = \frac{1}{2.73KM}\left(Q_2 \lg \frac{R}{r_{02}} + Q_1 \lg \frac{R}{r_{2-1}} + \cdots + Q_n \lg \frac{R}{r_{2-n}}\right)$$
$$\cdots$$
$$S_n' = \frac{1}{2.73KM}\left(Q_n \lg \frac{R}{r_{0n}} + Q_1 \lg \frac{R}{r_{n-1}} + \cdots + Q_{n-1} \lg \frac{R}{r_{n-(n-1)}}\right) \tag{5-19}$$

对于潜水完整井，为计算方便起见，将潜水完整井裘布依公式中的 $H^2 - h_{0i}^2$ 看成水位降深值 S_i，可得方程组（5-20）。

$$H^2 - h_{01}'^2 = \frac{1}{1.37K}\left(Q_1 \lg \frac{R}{r_{01}} + Q_2 \lg \frac{R}{r_{1-2}} + \cdots + Q_n \lg \frac{R}{r_{1-n}}\right)$$
$$H^2 - h_{02}'^2 = \frac{1}{1.37K}\left(Q_2 \lg \frac{R}{r_{02}} + Q_1 \lg \frac{R}{r_{2-1}} + \cdots + Q_n \lg \frac{R}{r_{2-n}}\right)$$
$$\cdots$$
$$H^2 - h_{0n}'^2 = \frac{1}{1.37K}\left(Q_n \lg \frac{R}{r_{0n}} + Q_1 \lg \frac{R}{r_{n-1}} + \cdots + Q_{n-1} \lg \frac{R}{r_{n-(n-1)}}\right) \tag{5-20}$$

式中 h_{0i}'——干扰抽水时第 i 号井井外壁水位至含水层底板的高度，$i=1$，2，$\cdots$，n。

其他符号含义同前。

同样，只要给定各井干扰抽水的水位降深值，解方程组（5-20），即可求出各井的干扰出水量；或反之。

水位削减法适用于承压水、潜水完整井的井群互阻计算。

井群互阻计算也可采用流量削减法。当 n 眼井共同工作时，如果保持各井中水位降深值与无干扰时的水位降深值相同，则各井的流量削减系数为

$$\alpha_i = \frac{Q_{i\text{单}} - Q_{i\text{干}}}{Q_{i\text{单}}} \tag{5-21}$$

式中 α_i——第 i 号井受其他各井抽水影响的流量削减系数，$i=1$，2，$\cdots$，n；

$Q_{i\text{单}}$、$Q_{i\text{干}}$——第 i 号井单独抽水和干扰抽水时的出水量，$i=1$，2，$\cdots$，n。

此法关键在于计算流量削减系数 α_i，若求得了 α_i，则可利用式（5-21）由单独抽水时的流量 $Q_{i\text{单}}$，求得干扰抽水量 $Q_{i\text{干}}$。关于流量削减系数 α_i 的计算方法可参考有关文献。

井群的流量减少系数为：

$$\left(\sum Q_{i\text{单}} - \sum Q_{i\text{干}}\right)/\sum Q_{i\text{单}} \tag{5-22}$$

井群互阻影响程度与井距、井的布置形式、含水层厚度、渗透系数、井的出水量及水位降深等因素有关。《管井技术规范》（GB 50296—2014）规定，对第四系松散含水层，单井出水量减小系数（干扰系数）不应超过 20%。

【案例 5-3】 某水源地拟在中砂承压含水层中建造井径 200mm 的完整井 3 眼，直线布置，相邻两眼井的井距为 100m。已知承压含水层顶板、底板高程分别为 170m、150m，渗透系数 10m/d，井的影响半径为 500m，各井设计水位降深为 7m。试计算 3 眼井共同工作

时，各井的出水量。

解：（1）由该承压含水层顶板、底板高程，得承压含水层厚度 $M=170-150=20m$。

（2）根据方程组（5-19），建立方程：

$$7=\frac{1}{2.73\times10\times20}\times\left(Q_1\lg\frac{500}{0.1}+Q_2\lg\frac{500}{100}+Q_3\lg\frac{500}{200}\right) \tag{5-23}$$

$$7=\frac{1}{2.73\times10\times20}\times\left(Q_2\lg\frac{500}{0.1}+Q_1\lg\frac{500}{100}+Q_3\lg\frac{500}{100}\right) \tag{5-24}$$

$$7=\frac{1}{2.73\times10\times20}\times\left(Q_3\lg\frac{500}{0.1}+Q_1\lg\frac{500}{200}+Q_2\lg\frac{500}{100}\right) \tag{5-25}$$

（3）将上述各式化简。由于 3 眼井直线布置，相邻两眼井的井距相同，故根据对称性，$Q_1=Q_3$。故分别化简上述各式，得：

$$7=\frac{1}{546}\times(4.097Q_1+0.699Q_2) \tag{5-26}$$

$$7=\frac{1}{546}\times(3.699Q_2+1.398Q_1) \tag{5-27}$$

$$7=\frac{1}{546}\times(4.097Q_1+0.699Q_2) \tag{5-28}$$

（4）利用式（5-27）、式（5-28）求解 Q_1、Q_2。由式（5-27）得：

$$Q_1=\frac{3822-3.699Q_2}{1.398} \tag{5-29}$$

将式（5-29）代入式（5-28），可解得：$Q_2=727.597m^3/d$。

将 Q_2 代入式（5-29），得：$Q_1=808.740m^3/d$。因此，$Q_3=808.740m^3/d$

（5）计算井群互阻影响系数。各井单独抽水，设计水位降深时的出水量：

$$Q_{单}=\frac{2.73KMS}{\lg\dfrac{R}{r_0}}=\frac{2.73\times10\times20\times7}{\lg\dfrac{500}{0.1}}=1033.252m^3/d, \quad i=1,2,3$$

则井群互阻影响系数为 $[1033.252\times3-(808.740\times2+727.597)]/(1033.252\times3)=24.3\%$。

上例中，若三眼井改为三角形布置，相邻两眼井的井距及其他有关数据均不变，读者试分析计算各井的干扰出水量及井群的流量削减系数。

五、管井的设计

1. 确定水源地产水能力（可开采量）

详见第四章。

2. 确定开采量、开采井数目、井位、形式、构造

根据需水量及水源地的产水能力（可开采量），确定开采量及开采井数目、井位、形式、构造，并进行井群布置。应设置备用井，备用井的数量一般按设计水量的 10%～20% 所需的井数确定，但不得少于一眼井。

3. 管井井径设计

由稳定流理论公式可知，井径（即过滤器直径）增大，井的进水面积增大，出水流量增加，但所增加的水量与井径的增加不成正比。按裘布依公式，井径增大 1 倍，井的出水流量仅增加 10% 左右；井径增大 10 倍，井的出水流量只增加 50% 左右。但冶金部勘探总公司实际测定表明，在同样的含水层中，同样的水位降深，当小井径时，井径增加所引起的出水流量增长率大（例如 100mm 增加至 150mm、200mm）；中等井径（例如 300～500mm）流量增长率减小；大井径时出水流量随井径增加不明显，而建井成本却增加较多，这是不经济的。一般认为，管井的井径以 200～600mm 为宜，可在该范围内，综合考虑各种因素确定。

4. 确定设计降深 S_0

设计降深的确定涉及补给条件、地质构造、开采量等因素。工程实践中，潜水最大允许降深为 $S_{0max} = H/2$，H 为含水层厚度；承压水最大允许降深为 $S_{0max} = H/2$，H 为承压水头，即承压水位至含水层顶板的距离。根据设计降深，用理论公式或经验公式即可确定管井的设计出水量。

5. 过滤器设计

过滤器设计包括：过滤器的直径和长度的确定、过滤器形式设计等，过滤器的直径设计前已叙及。

当含水层厚度<30m 时，一般采用完整井。对于承压含水层，过滤器长度 L 等于含水层厚度 M；对于潜水含水层，过滤器长度 L 为设计动水位以下相应的含水层厚度。当含水层厚度>30m 时，可采用非完整井，应根据含水层富水性和设计出水量等情况确定过滤器长度。

过滤器按是否填砾，分为填砾和非填砾两种。针对含水层性质，可依据表 5-6 选择适宜的过滤器类型。

表 5-6 管井过滤器类型选择

含水层性质		适宜的过滤器类型
岩体	裂隙、溶洞有充填	非填砾过滤器、填砾过滤器
	裂隙、溶洞无充填	非填砾过滤器或不安装过滤器
碎石土类	$d_{20} < 2mm$	填砾过滤器
	$d_{20} \geq 2mm$	非填砾过滤器
砂土类	砾砂、粗砂、中砂	填砾过滤器
	细砂、粉砂	填砾过滤器、双层填砾过滤器

注：1. 供水管井不宜采用包网过滤器、不得包棕皮；
2. 有条件时宜采用桥式过滤器；
3. 填砾过滤器不包括贴砾过滤器。

在稳定的裂隙和稳定岩溶地层中取水，不安装过滤器，如图 5-16 所示，仅在上部覆盖层和基岩风化带设护口井壁管即可。

下面介绍几种常用的过滤器。

（1）圆孔、条孔过滤器。圆孔、条孔过滤器是由金属管材或非金属管材加工制成的，如图 5-17 所示。

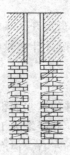

图 5-16 无过滤器管井

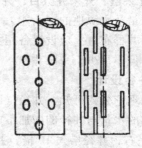

图 5-17 圆孔条孔过滤器

孔眼布置一般为梅花形。各种管材适宜的深度，见表 5-7。开孔率（井管开孔面积与相应的井管表面积的比值，并用百分数表示）视管材强度而定。一般钢管 25%～30%，铸铁管 20%～25%，钢筋混凝土管 15%，塑料管 12%。无砂混凝土管一般采用体积孔隙率（孔隙体积与相应的井管体积之比，并用百分数表示）一般为 10%～15%。

表 5-7　不同管材适宜的深度

管材	钢管	铸铁管	钢筋混凝土管	塑料管	混凝土管	无砂混凝土管
适宜深度/m	>400	200～400	150～200	≤150	≤100	≤100

（2）缠丝过滤器。缠丝过滤器是以开孔较大的圆孔、条孔等滤水管为骨架，并在滤水管外壁铺放若干条垫筋，然后在其外面并排缠丝，如图 5-18 所示。缠丝过滤器骨架管孔隙率宜为 20%～30%，垫筋高度宜为 6～8mm，垫筋间距宜保证缠丝距管壁 2～4mm，垫筋两端宜设挡箍。缠丝材料应首选直径 2～3mm 的不锈钢丝或增强型聚乙烯滤水丝，而镀锌铁丝抗腐蚀性能要差些。

作为骨架的滤水管完全不同于圆孔条孔过滤器，其圆孔、条孔一般较大，圆孔直径为6～10mm，如采用钢管、铸铁管和塑料管作为滤水管，其孔眼都是在实管上按要求钻孔而成；钢筋混凝土管的进水条孔是在浇筑时预制而成的，一般尺寸为 30～80mm。进水孔在井管上纵向成排布置若干排，并相互错开成梅花形。

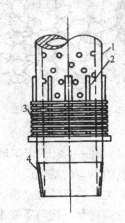

图 5-18　缠丝过滤器
1—骨架管；2—垫筋
3—缠丝；4—连接管

缠丝过滤器的进水面是双开口型的，因此它的进水面是双层的，进水挡砂效果良好，强度较高，但成本较高。

（3）桥式钢管过滤器。桥式钢管过滤器，如图 5-19 所示，进水缝隙是侧向开孔，不易被含水层颗粒或滤料堵塞，因此有效孔隙率大，管井出水量大。该种过滤器在我国供水管井中得到了广泛采用。

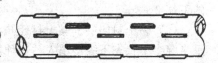

图 5-19　桥式钢管过滤器

（4）砾石水泥过滤器。砾石水泥过滤器，也称为无砂混凝土过滤器或蜂窝管，是砾石或碎石用水泥胶结而成的。常用砾石粒径为 3～7mm，灰砾比（1:4）～（1:5），水灰比 0.28～0.35。由于是不完全胶结，尚有一定的孔隙，故有一定的透水性。为增大其强度，管壁做得比较厚（40～50mm），其孔隙率小，一般为 10%。单根管长仅为 1m、2m，连接方式简单，在两根井管接口处垫以水泥沥青，用竹片连接，用铁丝捆绑即可。砾石水泥过滤器取材容易，制作方便，价格低廉；但强度低，重量大，适宜井深不能大于 100m，在粉细砂层或含铁量高的含水层中使用易堵塞。

上述各种过滤器不填砾时，适用情况见表 5-6，其过滤器孔眼大小或缠丝间距与含水层的颗粒组成和均匀性等因素有关，宜符合下列规定：碎石土类含水层，宜采用 d_{20}。含水层颗粒不均匀系数（d_{60}/d_{10}）>2 时，可适当增大。d_{60}、d_{20}、d_{10} 分别指对碎石土类含水层土样用标准筛筛分时，过筛质量累计为 60%、20%、10% 时的最大颗粒直径。砂土类含水层应采用填砾过滤器。

此外，还有钢筋骨架过滤器，常用于不稳定的裂隙含水层。

（5）填砾过滤器。当将上述各种过滤器周围回填一定规格粒径的反滤层，则形成填砾过滤器，如图 5-20 所示。填砾层能截留含水层中的细小颗粒，使含水层保持稳定。填砾过滤器适用于各类砂、砾石和卵石含水层以及裂隙、溶隙含水层，在地下水取水工程中得到了广泛地使用。填砾过滤器骨架管的孔隙尺寸与填砾层颗粒粒径有关，宜采用 D_{10}。D_{10} 为滤料筛分样颗粒组成中，过筛质量累计为 10% 时的最大颗粒直径。

6. 填砾层、黏土封闭层、沉淀管设计

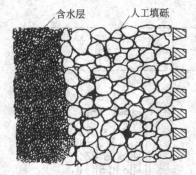

图 5-20 填砾过滤器示意图

（1）填砾层。填砾层的材料称为滤料，填砾层也称为滤料层。滤料层大多数颗粒粒径要比过滤器孔眼大，才能起到阻挡细颗粒进入过滤器的作用。滤料的规格，对于砂土类含水层，由式（5-30）确定。

$$D_{50} = (6 \sim 8)d_{50} \tag{5-30}$$

式中　D_{50}、d_{50}——指滤料、含水层砂样过筛累计质量分别为 50% 时的最大颗粒粒径。

对于碎石土类含水层，当 $d_{20} < 2mm$ 时：

$$D_{50} = (6 \sim 8)d_{20} \tag{5-31}$$

式中　d_{20}——指碎石土类含水层土样用标准筛筛分时，过筛质量累计为 20% 时的最大颗粒直径。

当 $d_{20} \geqslant 2mm$ 时，可不填砾或充填 $10 \sim 20mm$ 的滤料。

滤料的不均匀系数应小于 2。

砂土类中的粗砂含水层，当颗粒不均匀系数大于 10 时，应除去筛分样中部分粗颗粒后重新筛分，直至不均匀系数小于 10，这时取其 d_{50} 代入式（5-30）确定滤料的规格。

滤料颗粒的形状，应尽量选磨圆度好的卵石和砾石，严禁使用棱角碎石，不应含土和杂物。

滤料宜用硅质砾石，如石英。石灰岩不宜用于富含硫酸根的含水层。

滤料厚度宜为 $75 \sim 150mm$；滤料上部应超过过滤管的上端 $5 \sim 10m$，下部宜低于过滤管的下端 $2 \sim 3m$。

（2）黏土封闭层。黏土封闭层应填入用优质黏土做成的黏土球，直径为 25mm 左右，呈半湿半干状态下缓慢填入，这种黏土球的封闭效果好。黏土封闭的深度应考虑沉降对封闭效果的影响，以便安全可靠地封闭不良含水层。

（3）沉淀管。在井孔达到设计深度后，应再向下继续钻进一定的深度，用以安装沉淀管。其长度视井深和井水沉沙可能性而定，一般为 $2 \sim 10m$。根据井深可参考下列数据选用：井深 $16 \sim 30m$，沉淀管长度不小于 2m；井深 $31 \sim 90m$，沉淀管长度不小于 5m；井深大于 90m，沉淀管长度不小于 10m。

含水层厚且颗粒细小时，沉淀管可取长些。含水层厚度 $> 30m$、颗粒细时，沉淀管长度不小于 5m。

7. 管井的出水量设计复核

理论公式法与经验公式法仅是依据勘察资料确定的管井的设计出水量，该设计出水量应小于管井结构本身的进水能力，避免盲目追求增大出水量，造成许多地区管井涌砂和堵塞加剧。因此，管井出水量设计复核就是合理设计入管流速和井壁进水流速，以便使管井结构本身的进水能力大于或等于管井的设计出水量。

（1）入管流速，即地下水流经过滤管孔隙时的流速。该流速是实际流速，此值过大，会增大水头损失，破坏地下水的化学平衡，使水中的溶解物质析出沉淀于过滤管进水孔隙中，加速结垢，导致过滤管堵塞。由允许入管流速确定过滤管的进水能力的计算式为

$$Q_g = n\pi D_g l_g V_g \tag{5-32}$$

式中　Q_g——过滤管的进水能力，m^3/s；

　　　V_g——允许入管流速，m/s，供水管井不宜大于 0.03/s，具体值由渗透系数按表 5-8 确定，当地下水具有腐蚀性和容易结垢时，应按减小 $1/3 \sim 1/2$ 确定；

n——过滤管进水面层的有效孔隙率，宜按过滤管面层孔隙率的 50% 计算；

D_g——过滤管外径，m；

l_g——过滤管的有效进水长度，宜按过滤管长度的 85% 计算，m。

当过滤管的进水能力小于管井的设计出水量时，应调整过滤管面层孔隙率或过滤管外径等。

表 5-8　允许入管流速与渗透系数 K 的关系

$K/(\text{m/d})$	$K<20$	$20\leqslant K\leqslant 40$	$40<K\leqslant 80$	$80<K\leqslant 120$	$K>120$
$V_g/(\text{m/s})$	0.010	0.015	0.020	0.025	0.030

（2）井壁进水流速，即抽水时地下水进入井壁时的渗透速度。井壁进水流速过大，一是将含水层细小颗粒带入井内；二是扰动含水层，破坏含水层的渗透稳定性。建造在松散地层的管井除入管流速要符合要求外，还应采用式（5-33）、式（5-34）进行复核：

$$Q_j = \pi D L V_j \qquad (5-33)$$
$$Q_j \geqslant Q_g \qquad (5-34)$$

式中　Q_j——井壁允许进水流量，m^3/s；

D——过滤器外径，当有填砾层时，应以填砾层外径计，m；

L——过滤器的长度，m；

V_j——井壁允许进水流速，m/s。

《管井技术规范》（GB 50296—2014）中，对于供水管井，井壁允许进水流速，推荐吉哈尔特公式：

$$V_j = \sqrt{K}/15 \qquad (5-35)$$

式中　K——含水层渗透系数，m/s。

当不符合式（5-34）时，应调整井过滤器外径或长度等。

六、管井的施工与维护管理

管井的建造程序一般包括钻凿井孔、物探测井、冲孔换浆、井管安装、回填滤料、黏土封闭、洗井及抽水试验、管井验收等主要工序。

（一）钻凿井孔

钻凿井孔的方法主要有回转钻进和冲击钻进，其中回转钻进使用广泛。

1. 回转钻进

回转钻进是用回转钻机带动钻头旋转对地层切削、挤压、研磨破碎而钻凿成井孔的。根据施工过程中泥浆流动方向，分为正循环钻进、反循环钻进。

正循环回转钻进的设备、机具装置示意图，如图 5-21 所示。

钻塔是吊装各类机具的支架和操作钻机钻进的场所。钻塔的顶部装有一滑轮组，称为天车，它是吊装各类机具的支点。

钻机是主要动力传动设备。电动机带动钻机工作，钻机使转盘转动，转盘带动钻杆和钻头旋转对地层进行切削，卷扬机用于吊装各种机具。

钻凿松散地层常用的钻头有鱼尾钻头、三翼钻头和牙轮钻头等。鱼尾钻头为两翼钻头，如图 5-22 所示。在鱼尾钻头切削地层的刀刃上焊有高硬度的合金，在三翼钻头切削地层部位装有高硬度的牙轮，即牙轮钻头，它钻进速度快，稳定性好，但构造较复杂。

钻杆为圆形空心的无缝钢管，可以通过泥浆。在钻杆中，只有一根主钻杆，长度视钻塔

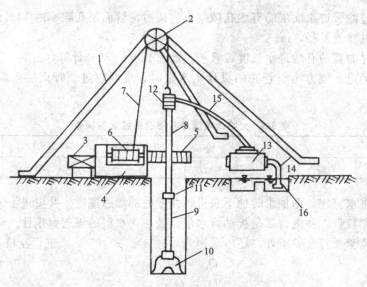

图 5-21　回转钻进机具装置示意图
1—钻塔；2—天车；3—电动机；4—钻机；5—转盘；6—卷扬机；7—钢丝绳；
8—主钻杆；9—钻杆；10—钻头；11—钻杆接手；12—提引龙头；13—泥浆泵；
14—泥浆管；15—泥浆高压胶管；16—泥浆池

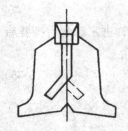

图 5-22　鱼尾钻头

高度而定。主钻杆一般为方形，钻机转盘在方形孔卡住主钻杆，带动其旋转。主钻杆连接普通钻杆，钻杆再连接钻头。钻头向地层深部钻进是靠不断提升、接长钻杆实现的，所以钻杆的总长度应大于设计井深。

位于主钻杆的上方，由卷扬机的钢丝绳牵引，悬吊于天车之下的部件称为提引龙头。提引龙头可使钻具上下升降，其内装有高压轴承，能保证主钻杆自由转动。提引龙头是空腹的，可以让泥浆泵送来的高压泥浆通过，送往井下深处，以保持钻孔稳定及冷却钻头。

泥浆泵、泥浆管、泥浆高压胶管、泥浆池将用于管井施工过程向井孔中输送泥浆。

正循环回转钻进过程是：动力设备（电动机或柴油机）带动钻机，并通过传动装置使转盘旋转，转盘带动主钻杆、钻杆、钻头转动，从而使钻头切削地层进行钻进。当钻进一个主钻杆深度后，由钻机的卷扬机提起钻具，将钻杆用卡盘卡在井口，取下主钻杆，接一根钻杆，再接上主钻杆，继续钻进，如此反复进行，直至设计井深。

钻头切削地层时，将产生巨大热量，必须加以润滑和冷却，并且碎屑必须从井孔中清除，故需要用高压泥浆泵将泥浆加压，通过高压胶管、提引龙头、钻杆腹腔，向下通过钻头喷射至工作面，一方面起到冷却钻头、润滑钻具的作用，同时又能与被切削下来的岩土碎屑混合，在压力作用下，沿着井孔与钻杆之间的环形空间上升至地面，流入泥浆池。被泥浆携带到地表的岩土碎屑在第一泥浆池中沉淀，去除岩土碎屑后流入第二个泥浆池，继续使用。此外，因泥浆始终充满井孔，又有较大的密度，能起到平衡地层侧压力、保护井壁、防止井孔坍塌的作用。

对于泥浆的配置要求，主要指标如下：用含沙量≤5％的优质黏土在泥浆池中调制成一定浓度的泥浆；泥浆密度应 $1.10 \sim 1.36 \mathrm{g/cm^3}$；马氏漏斗黏度（反映携砂能力）应 $28 \sim 42 \mathrm{s}$，砾石、粗砂含水层应取大值，细砂、粉砂含水层应取小值；失水量（防止孔壁土体吸水造成松软缩径塌孔）不应超过 20mL/30min。

反循环钻进，如图5-23所示，钻进过程中，泥浆由沉淀池沿井壁和钻杆的环形空间流入井底，泥浆的回流依靠吸泥泵的真空作用，从钻头吸入沿钻杆腹腔上升流入沉淀池去屑。

在基岩地层中钻井，必须使用岩心钻头，如图5-24所示。岩心钻头依靠镶焊在钻头上的硬合金切削地层。在钻头钻进过程中，它只将沿井壁的岩石切削粉碎，中间部分就成为圆柱状的岩石，称为岩心。岩心可以取到地面上来，用以观察分析岩石的矿物成分、结构构造以及地层的地质构造等。岩心回转钻进的机具和工作方法与回转钻进基本相同。

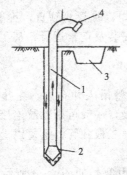

图5-23　反循环钻进示意图
1—钻杆；2—钻头；3—沉淀池；4—吸泥泵

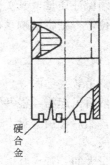

硬合金

图5-24　岩心钻

2. 冲击钻进

冲击钻进主要靠钻头对地层的冲击作用来钻凿井孔。冲击钻进过程是：钻机的动力通过传动装置带动钻具钻头在井中做上下往复运动，冲击破碎地层。当钻进一定深度（约0.5m）后，即提出钻具，放下取土筒，将井内岩土碎块取上来，然后再放下钻具，继续冲击钻进。如此重复钻进，直至设计井深。

冲击钻进是不连续的，钻进效率较低，进尺速度慢。但冲击钻进钻具设备简单、轻便，在供水管井施工中，也有采用。

在钻进过程中，应捞取岩样（鉴别样），所采岩样能准确反映地层的结构、不同岩性及颗粒的组成，为管井安装、填砾、黏土封闭提供可靠的依据。所采岩样的数量，含水层2～3m采一个，非含水层与不宜利用的含水层3～5m采一个，变层处加采一个。当进行电测时，可适当减少。

（二）物探测井

物探测井指采用物理探测方法，测定岩层的物理参数，以此推断岩层性质、构造、地下水化学成分的方法。

井孔打成后，需马上进行物探测井。常用电法测井，如电阻率法。可以查明地层结构、含水层、隔水层深度、厚度、地下水矿化度、咸淡水界面等。通过电法测井，并结合钻进过程中捞取的岩样，可得到管井地质柱状图，它是管井安装、填砾、黏土封闭的依据。

（三）冲孔换浆

井孔打成后，在井孔中充满稠度较大的泥浆，且含有大量泥质，无法安装井管、进行填砾和黏土封闭。在井管安装前必须降低井孔中泥浆的密度以及排出井孔中沉淀物。因此，冲孔换浆指清除井孔内稠泥浆和孔底沉淀物的一道工序。采用泥浆正循环施工时冲孔换浆的具体方法是：换浆初期，用钻机将不带钻头的钻杆放入井底，泥浆泵吸取原浆，把较大颗粒的岩屑带出井孔，在孔口捞取不见大颗粒为止；第二阶段，向井孔送入密度低的稀泥浆，使孔内泥浆逐渐由稠变稀（不得突变），出孔泥浆与入孔泥浆性能接近一致，孔口捞取泥浆样应达到无粉砂沉淀的要求，孔底沉淀物高度在允许范围内。

由于稀泥浆护壁作用不如原泥浆好，为避免井壁局部坍塌，所以要求尽量缩短换浆时间，换浆达到要求后应立即进行井管安装。

（四）井管安装

井管安装，简称下管。下管顺序为沉淀管、过滤器、井壁管。下管安装前必须按照钻孔的实际地层资料校正井管设计，然后进行排管，即根据凿井资料，确定过滤器的长度和安装位置等，并将井管按下管顺序编号。

井管安装必须保证质量，其关键环节有：接口要牢固，井管要顺直，不能偏斜和弯曲，过滤器要安装到位，否则将影响填砾质量和抽水设备的安装及正常运行，甚至造成整个管井的质量不合格。

1. 吊装法

适用于钢管。吊装法如图 5-25 所示。先将第一根井管吊入井孔中，在井口用卡盘将井管的上端卡住，然后吊起第二根井管并与第一根井管连接，一般可用螺纹连接或焊接，接好后向井孔中下放，然后再用卡盘卡住第二根井管，连接第三根井管，重复以上过程，直至第一根井管放到井底。

长度大、重量大的井管安装时，可在井管中加装浮力塞，如图 5-26 所示，使井管下沉时产生浮力，以减轻井管的重量。浮力塞用强度较小的材料做成，例如圆木板外加橡胶圈。待下管完毕后，用钻杆将浮力塞凿通即可。

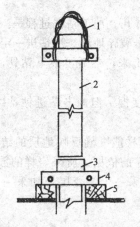

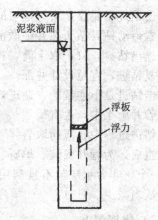

图 5-25　吊装法下管示意图
1—钢速绳套；2—井管；3—管箍；4—管卡子；5—方木

图 5-26　加浮力塞示意图

加扶正器：为保证井管在井孔中顺直居中，可采用加扶正器的方法。例如，用长约20cm、宽 5～10cm、厚度略小于井管外壁与井壁之间距离的三块木块，在井管外壁按 120°放置，用铁丝缠牢，即为常用的扶正器。木块宽度不宜过大，否则，将影响填料。扶正器数量越多，扶正效果越好，但扶正器过多也将影响滤料的回填。一般每隔 30～50m 安装一个扶正器。

2. 托盘法

安装重量大、承受拉力小的管材，如钢筋混凝土管，可采用托盘法，如图 5-27 所示。采用托盘法下管时，一般用铸铁或混凝土做成比井管外径略大的托盘承托全部井管，借助起重钢丝绳将其放入井孔内。当托盘放至井底后利用中心钢丝绳抽出固定起重钢丝绳的销钉，即可收回起重钢丝绳，托盘则留在井底。

（五）填砾和黏土封闭

下管完毕后，应立即填砾和黏土封闭。管井填砾和黏土封闭质量的优劣，都直接影响管井的水质和水量。要按设计要求准备滤料，其体积宜按式（5-36）计算确定：

$$V = 0.785(D_k^2 - D_g^2)L_1\alpha \qquad (5-36)$$

式中　V——滤料体积，m^3；

　　　D_k——填砾段井孔直径，m；

　　　D_g——过滤管外径，m；

　　　L_1——填砾段长度，m；

　　　α——超径系数，一般为 $1.2\sim1.5$。

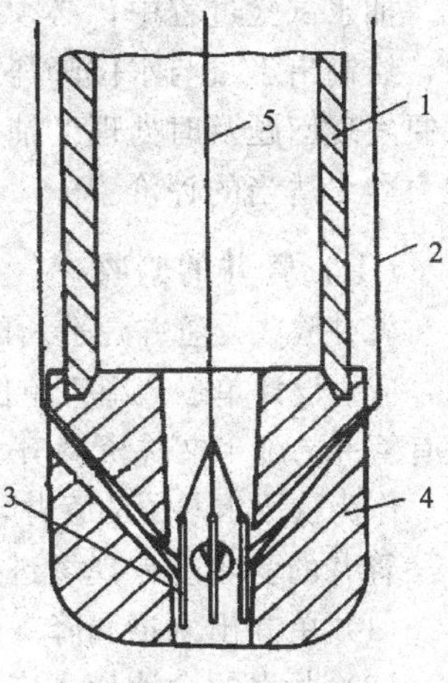

填砾时要平稳、均匀、连续、密实，应随时测量填砾深度，掌握砾料回填状况，以免出现中途堵塞现象。一般情况下，回填砾料的总体积应与填砾段井管与孔壁之间环形空间的体积大致相等。

黏土封闭一般用黏土球，球径约 25mm。封闭时，黏土球一定要下沉到要求的深度，中途不可出现堵塞现象。当填至井口时，应进行夯实。

图 5-27　托盘法下管示意图
1—井管；2—起重钢丝绳；
3—销钉；4—托盘；
5—中心钢丝绳

（六）洗井和抽水试验

1. 洗井

洗井指完成填砾和黏土封闭工序后，立即利用洗井机具抽水，对井孔进行冲洗的一道工序。在钻凿井孔过程中，由于泥浆向含水层中的渗透作用，在含水层部位的井壁上可形成一层几毫米厚的泥浆壁，俗称泥皮，而且在井周围的含水层中将滞留有大量的黏土颗粒和岩土碎屑，严重影响地下水的流动和含水层的出水量。通过洗井，使地下水产生强大的水流，冲刷泥皮和将杂质颗粒冲带到井中，再抽到地面上去，从而达到清除含水层中的泥浆和冲刷掉井壁上的泥皮的目的。同时，洗井还可以冲洗出含水层中的部分细小颗粒，使井周围含水层形成天然反滤层，使管井的出水量达到最大的正常值。

洗井的方法有活塞洗井、压缩空气洗井和水泵洗井等多种方法。活塞洗井法是用安装在钻杆上带有活门的活塞，在井壁管内上、下拉动，使过滤器周围形成反复冲洗的水流，以破坏泥浆壁并清除含水层中残留泥浆的细小颗粒。活塞洗井效果好，较彻底。

压缩空气洗井，是用空气压缩机，通过高压胶管将空气压入井中，借助水气混合的冲力，不仅可以更有效地破坏泥浆壁，而且可以夹带较多的泥浆、岩土碎屑、砂粒，将其运送到井口以外。因此，洗井效率高，洗井比较彻底，是目前生产上常用的洗井方法。但对于砂层颗粒较细的含水层一般不宜采用此方法，因它携走的砂粒较多，对砂层有一定的破坏作用。

水泵洗井，是使用水泵进行抽水，使水位降深达到水泵可能达到的最大值，从而达到洗井的目的。

洗井方法较多，应根据井管的结构、施工状况、地层的水文地质条件以及设备条件加以选用。

《管井技术规范》（GB 50296—2014），要求的洗井标准是，在抽水试验结束前测定井水含沙量，当井水含沙量小于 1/200000（体积比），洗井合格。

洗井工作应在填砾、黏土封闭之后立即进行，以防止泥浆壁硬化，给洗井带来困难。

2. 抽水试验

抽水试验是管井建造的最后阶段。一般在洗井的同时，就可以做抽水试验。抽水前应测出地下水静水位，抽水时要测定井的出水量和相应的水位降深值，以评价井的出水量；采取水样进行分析，以评价地下水的水质。

抽水试验的下降次数宜为一次，水位和出水量应连续观测，稳定的延续时间为 6～8h，管井的出水量和动水位应按稳定值确定，出水量不宜小于管井的设计出水量。

抽水试验过程中，必须认真观测和记录有关数据，并应在现场及时进行资料整理。例如，绘制出水量与水位降深关系曲线，水位、出水量与时间关系曲线以及水位恢复曲线等，以便发现问题及时处理。抽水试验完毕后，应及时详细整理资料，对井的水质、水量、出水能力做出适当的评价。

（七）管井的验收

管井验收是管井建造后的一项重要工作，只有验收合格后，管井才能投产使用。管井竣工后，应由设计单位、施工单位和使用单位根据《管井技术规范》（GB 50296—2014）共同验收。只有管井的施工文件资料齐全，水质、水量，管井的质量均达到设计要求，甲方才能签字验收。作为饮用水水源的管井，应经当地的卫生防疫部门对水质检验合格后，方可投产使用。

管井的验收应在现场进行，并应符合下列质量标准：

（1）单井出水量和降深应符合设计要求。

（2）井水的含沙量，应符合洗井的含沙量要求。

（3）井斜即井深实际轴线偏离铅直线的水平位移，常用井深实际轴线偏离铅直线的顶角表示。应符合以下要求：小于或等于 100m 的井段，其顶角的偏斜不超过 1°；大于 100m 的井段，每百米顶角偏斜的递增速度不得超过 1.5°。

（4）井内沉淀物的高度应小于井深的 5‰。

管井验收时，施工单位应提交下列资料：

（1）管井施工说明书。该说明书系综合性施工技术文件，应有管井的地质柱状图；井的结构，包括井径、井深、过滤器规格和位置、填砾和黏土封闭深度、井位坐标和井口绝对高程等；施工记录，包括班报表、交接班记录表、发生事故情况、事故处理措施和处理结果等有关资料；井管安装资料，填砾、黏土封闭施工记录资料，洗井和含沙量测定资料，抽水试验原始记录表及水文地质参数计算资料，水的化学分析及细菌分析资料等。

（2）管井使用说明书。该文件包括：井的最大允许开采量和适用的抽水设备类型及规格型号；水井使用中可能发生的问题及使用维修方面的建议；为了防止水质恶化和管井损坏，所提出的关于维护方面的建议。

（3）钻进中的岩样。钻进中的岩样应分别装在木盒或塑料袋中，并附有标明岩土名称、取样深度、岩性描述及取样方法的卡片和地质编录原始记录。

上述资料是管井管理的重要依据，使用单位必须将此作为管井的技术档案妥善保存，以备分析、研究管井运行中可能出现的问题。

（八）管井的维护管理

管井使用合理与否，使用年限长短，能否发挥其最大经济效益，维护管理是关键。目前，很多管井由于使用不当，出现了水量衰减、堵塞、漏砂、淤砂、涌砂、咸水侵入，甚至导致早期报废，就是因为管井的维护管理不好造成的。因此，若要发挥管井的最大经济效益，增长管井的寿命，必须加强管井的维护管理。

（1）管井建成后，应及时修建井室，保护机井。机房四周要填高夯实，防止雨季地表积水向机房内倒灌。井室内要修建排水池和排水管道，及时排走积水。井管口应高出泵房地面 0.2m，周围用黏土或水泥封闭，严防污水进入井中。

（2）要依据井的出水量和丰、枯季节水位变化情况，选择合适的抽水设备。抽水设备的出水量应小于或等于管井的出水能力。

（3）管井应安装水表及观测水位的装置，并且每眼管井都要建立使用档案和运行记录，要确切记录抽水起始时间、静水位、动水位、出水量、出水压力以及水质的变化情况。详细记录电机的电压、耗电量、温度等和润滑油料的消耗以及机泵的运转情况等，一旦出现问题，应及时处理。

（4）严格执行管井、机泵的操作规程和维护制度。井泵在工作期间，操作和管理人员必须坚守岗位，严格监视电器仪表，出现异常情况，及时检查，查明原因，或停止运行进行检查。机泵必须定期检修，保证机泵始终处于完好状态下运行。

（5）对于季节性供水的管井或备用井，在停泵期间，应隔一定时间进行一次维护性的抽水，防止过滤器发生锈结，以保持井内清洁，延长管井使用寿命，并同时检查机、电、泵诸设备的完好情况。

（6）对机泵易损易磨零件，要有足够的备用件，以供发生故障时及时更换。

（7）管井周围应按卫生防护规范要求，设置保护区，单井保护半径不应小于50～100m。

（8）如管井出现出水量减少、井水含沙量增大等情况，应找出原因，并请专业维修队进行修理，尽快恢复管井的出水能力。

针对管井出水量减少的原因，采取针对性措施。例如，过滤器或其周围填砾层、含水层淤塞、过滤器出现化学性堵塞时，可采取的措施有：① 更换过滤器、修补封闭漏砂部位。② 洗井，清除过滤器表面上的泥沙及井壁附近含水层的细小颗粒。③ 针对金属过滤器产生的电化学腐蚀，常用方法是用酸洗法进行清除，通常用浓度为18%～35%的盐酸清洗，洗完后应立即抽水，防止酸洗剂扩散，以防管井的水质被污染。特别注意，注酸洗井必须严格按操作规程进行，以保证安全。④ 细菌繁殖造成堵塞的解决方法是用氯化法或酸洗法使其缓解。

第三节　大　口　井

大口井指用以开采浅层地下水的大口径取水构筑物。一般井径＞1.5m，视为大口井。常用井径为3～6m，不宜超过10m。大口井集取浅层水，故也称浅井，由于井深过深时将造成施工困难，故井深不宜超过15m。

一、大口井的形式与构造

大口井按揭露含水层的程度分为完整井和非完整井，如图5-28所示。完整大口井适用于含水层厚度5～8m；非完整大口井适用于含水层厚度＞10m。大口井大多采用非完整形式，井壁和井底同时进水，进水范围较大。

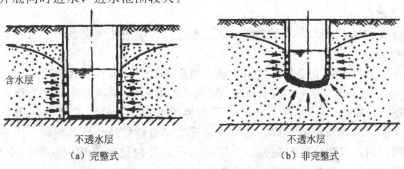

（a）完整式　　　　　　　　（b）非完整式

图5-28　完整大口井和非完整井大口井示意图

大口井主要由井口（井台）、井筒和进水部分组成，如图 5-29 所示。

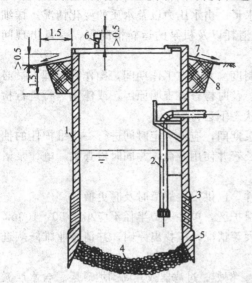

图 5-29　大口井的构造
1—井筒；2—吸水管；3—井壁透水管；4—井底反滤层；
5—刃脚；6—通风管；7—排水坡；8—黏土层

1. 井口（井台）

井口是井的地上部分，应高出地表 0.5m 以上，防止污水、洪水进入。在井口周边应修建宽度为 1.5m 的排水坡。如覆盖层为透水层，排水坡下面还应填以厚度不小于 1.5m 的夯实土层。必要时应设井盖，井盖上设人孔和通风口。

2. 井筒

井筒是进水部分以上的一段，通常用钢筋混凝土或砖、石砌筑而成，用以加固井壁与隔离不良水质的含水层。

3. 进水部分

进水部分包括井壁进水孔（或透水井壁）和井底反滤层。

大口井构造简单，取材容易，施工方便，便于检修，使用年限长，但对潜水位变化适应性较差。

二、大口井的结构设计

（一）进水部分设计

1. 井底反滤层

由于井壁进水孔易堵塞，多数大口井主要依靠井底进水，因此井底反滤层的质量极为重要。井底反滤层形状为锅底状，一般为 3～4 层；每层厚度 200～300mm，刃角处加厚 20%～30%。顺着地下水流入大口井的方向，反滤层滤料粒径由细变粗，如图 5-30 所示，与含水层相邻的第一层反滤层滤料的粒径按式（5-37）计算：

$$D = (6 \sim 8)d_i \tag{5-37}$$

式中　D——反滤层滤料的粒径；

d_i——含水层颗粒的计算粒径，细、粉砂含水层时，$d_i = d_{40}$；为中砂时，$d_i = d_{30}$；
为粗砂时，$d_i = d_{20}$；为砾石或卵石时，$d_i = d_{10} \sim d_{15}$。

d_{40}，d_{30}，d_{20}，d_{15}，d_{10} 含义同前。

两相邻反滤层的粒径比宜为 2～4。

当含水层为粉砂、细砂层时，可适当增加滤料的层数和厚度。

2. 井壁进水部分

用砖、石或混凝土块砌筑，在井壁上做进水孔。常用的井壁进水孔有水平孔、斜形孔两种，如图 5-31 所示。

水平孔容易施工，采用较多，孔的形状为圆形或矩形。圆孔直径 100～200mm；矩形孔尺寸 100mm×200mm～200mm×250mm。倾斜孔的倾角≤45°，进水孔多为圆孔。进水孔交错排列于井壁，孔隙率为 15% 左右。进水孔内装填滤料，可分两层填充，滤料粒径从外壁向内壁由细变粗，滤料粒径的计算方法与井底反滤层滤料粒径的计算相同。水平进水孔的两侧设置不锈钢丝网，以防止滤料漏失；斜形进水孔的外侧设置不锈钢丝网，孔内滤料稳定，易于装填和更换，是一种较优的进水孔类型。

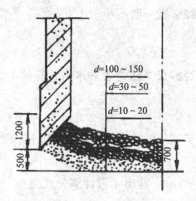

图 5-30 大口井井底反滤层（单位：mm）

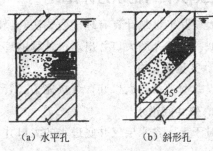

(a) 水平孔　　　　(b) 斜形孔

图 5-31 大口井井壁进水孔

【案例 5-4】 某一完整式大口井，采用井底和井壁进水孔同时进水，含水层为砾石，其颗粒筛分结果见表 5-9。试确定井壁进水孔反滤层滤料的粒径。

表 5-9　某大口井含水层颗粒筛分结果

序号	粒径/mm	质量百分比/%
1	≤2.0	5
2	2.1～3.0	10
3	3.1～4.0	15
4	4.1～5.0	40
5	5.1～6.0	20
6	＞6.0	10
	合计	100

解：

（1）该含水层为砾石，含水层颗粒的计算粒径 $d_i = d_{10} \sim d_{15}$。按 d_{15} 计算，由表 5-9 中数据可知，$d_{15} = 3.0mm$。

（2）反滤层滤料的层数采用 2 层，由式（5-37），外侧滤料的粒径 $D_外 = (6 \sim 8)d_{15}$，取 $D_外 = 7d_{15} = 7 \times 3.0 = 21mm$。

（3）内侧反滤层滤料的粒径 $D_内 = (2 \sim 4)D_外$，取 $D_内 = 3D_外 = 63mm$。

3. 透水井壁

透水井壁由无砂混凝土制成，有无砂混凝土砌块筑成或整体浇筑等形式，每隔 1～2m 设一道钢筋混凝土圈梁，以加强井壁强度。无砂混凝土大口井结构简单、制作方便、造价低，适用于中、粗砂及砾石含水层，在粉细砂土层和含铁地下水中易堵塞。

（二）井筒结构设计

井筒为空心圆柱形，砖石井壁厚度一般为 24～50cm；钢筋混凝土的井壁厚度24～40cm。

（三）刃脚设计

刃脚一般采用钢筋混凝土现场浇筑，其形状如图 5-32 所示。为减小摩擦力和防止井筒下沉过程中受障碍物的破坏，刃脚外缘应凸

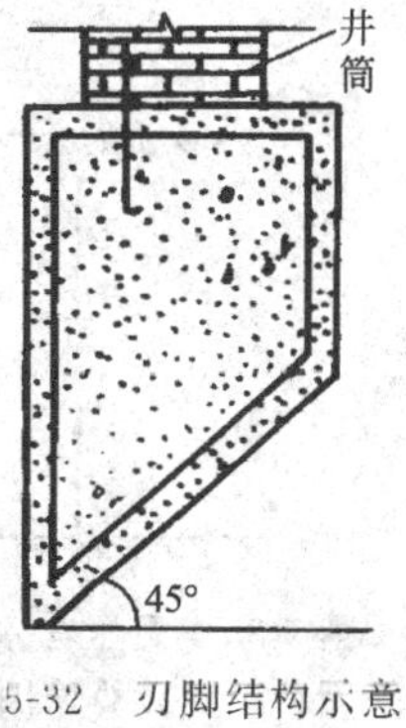

图 5-32　刃脚结构示意图

出井筒 $5\sim10\mathrm{cm}$，刃脚与水平面的夹角 $45°\sim60°$，刃脚高度一般不小于 $1.2\mathrm{m}$。

三、大口井的水力计算

大口井出水量计算有理论公式法和经验公式法。经验公式法与管井水力计算的经验公式法相似，以下介绍大口井出水量计算的理论公式。

1. 完整大口井

仅井壁进水的大口井，可按完整式管井出水量计算式（5-1）和式（5-2）进行计算。

2. 仅井底进水

对于无压含水层仅井底进水的大口井，如图 5-33 所示，其出水量计算公式为：

$$Q = \frac{2\pi K S_0 r}{\dfrac{\pi}{2} + \dfrac{r}{T}\left(1 + 1.185\lg \dfrac{R}{4H}\right)} \tag{5-38}$$

式中　Q——大口井的出水流量，$\mathrm{m^3/d}$；

S_0——出水流量 Q 时，井中水位降落深度，m；

r——大口井的半径，m；

K——渗透系数，$\mathrm{m/d}$；

H——含水层厚度，m；

R——影响半径，m；

T——井底至含水层底板的距离，m。

式（5-38）适用于 $2r \leqslant T < 8r$ 的情况。当含水层很厚，$T \geqslant 8r$ 时：

$$Q = AKS_0 r \tag{5-39}$$

式中　A——系数，井底为平底时，$A=4$；井底为球形时，$A=2\pi$。

其余符号含义同前。

3. 井底和井壁同时进水

对于无压含水层井底和井壁同时进水的大口井，如图 5-34 所示，可采用叠加法计算，大口井的出水量等于无压含水层仅井壁进水的大口井的出水量和仅井底进水的大口井出水量的总和，计算公式为：

$$Q = \pi K S_0 \left[\frac{2h - S_0}{2.3\lg \dfrac{R}{r}} + \frac{2r}{\dfrac{\pi}{2} + \dfrac{r}{T}\left(1 + 1.185\lg \dfrac{R}{4H}\right)} \right] \tag{5-40}$$

式中 h 的含义如图 5-34 所示；其余符号含义同前。

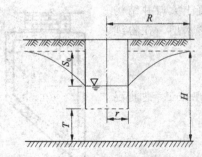
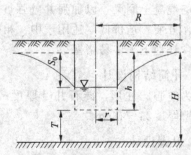

图 5-33　无压含水层中井底进水的大口井　　　　图 5-34　无压含水层中井底井壁同时进水的大
　　　　　计算简图　　　　　　　　　　　　　　　　　　　口井计算简图

四、大口井的施工与维护管理

（一）大口井的施工

1. 大开槽施工法

开挖基槽到设计井深，并排水，然后砌筑或浇筑以及铺设反滤层等，该法施工方便，直接利用当地材料；但开挖工程量大，施工排水费用高。适用于口径＜4m，井深＜9m或地质条件不宜采用沉井法施工的场合。

2. 沉井法施工

在井位处开挖基坑，将带有刃脚的井盘放在基坑中，然后在井筒内掏挖土层，此时井筒靠自重下沉，然后在井盘上砌筑井壁一定高度后，再掏挖土层、砌筑井筒或进水井壁，如此反复，直至设计井深。

沉井法施工过程有排水施工和不排水施工两种方式，前者便于操作，但排水费用较高；后者节省排水费用，但铺设井底反滤层困难，不易保证质量。

沉井施工具有开挖土方量少，施工场地小，施工安全，排水费用低，对含水层扰动程度小，对周围建筑物影响小等优点。其缺点是技术要求高，可能出现井筒倾斜，下沉深度难以控制等问题。基于沉井施工法的优点，当地质条件允许时，应尽量采用沉井法施工。

（二）大口井的维护管理

建在河滩、河流阶地上、低洼地区的大口井，需采取不受洪水冲刷和洪水淹没的措施。

大口井要加密封井盖，井盖上设置进人孔（检修孔），且进人孔高出地面0.5～0.8m。井盖上还应设置通风管，管顶要高出地面或洪水位2m以上，管顶部设置带网的防护罩。

大口井的维护管理与管井相同，还应注意以下几点：

（1）严格控制开采水量。大口井在运行中应均匀取水，开采量最大值不应大于设计允许的开采水量，在使用的过程中应严格控制出水量。

（2）防止水质污染。大口井一般汇集浅层地下水，应加强防止周围地表水，尤其是受污染的地表水的汇入。井口、井筒的防护设施应定期维护；在地下水影响半径范围内，注意检测地表水水质情况；严格按照水源卫生防护的规定制定卫生管理制度；保持井内良好的卫生环境，经常换气并防止井壁上生长微生物。

（3）运行一段时期后如出现井底严重淤积，应更换反滤层以加大出水量。更换时要先将地下水位降低，将原有反滤层全部清出并清洗、补充滤料。反滤层施工中要严格控制粒径规格和层次排列，保证施工质量。此外，应定期清理井壁进水孔，可利用中压水冲洗，以增加其出水量。

第四节　复合井与辐射井

一、复合井

复合井是大口井与管井的组合，它是由非完整式大口井和井底以下设有一根或数根管井过滤器所组成的分层或分段取水系统，如图5-35所示。复合井适用于地下水位较高、厚度较大的含水层，相对大口井更能充分利用厚度较大的含水层，增加井的出水量。模型试验表明，当含水层厚度为大口井半径3～6倍或含水层透水性较差时，采用复合井可提高出水量。

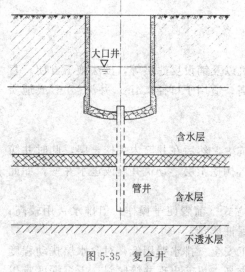

图5-35　复合井

复合井的大口井部分的构造与大口井相同，管井的构造与普通管井的构造相同。

加大复合井中管井过滤器直径，可加大管井部分的出水量，但同时也会增加对大口井井底进水的干扰，故过滤器直径不宜过大，一般为200～300mm。

适当增加管井过滤器数目可增加复合井出水量。但从模型试验资料可知，管井过滤器数目增至3根以上时，复合井出水量增加甚少。

复合井出水量的计算，一般采用大口井和管井两者单独工作条件下的出水量之和，并乘以干扰系数，计算公式如下：

$$Q = \alpha(Q_1 + Q_2) \tag{5-41}$$

式中　Q——复合井的出水量，m^3/d；

Q_1，Q_2——同一条件下大口井、管井单独工作时的出水量，m^3/d；

α——干扰系数。

干扰系数 α 值与过滤器根数、完整程度及管径等有关，确定方法可参考有关文献。

二、辐射井

（一）辐射井的形式与构造

辐射井指由集水井与若干呈辐射状铺设的水平集水管（辐射管）组合而成的地下水取水构筑物，如图5-36所示。

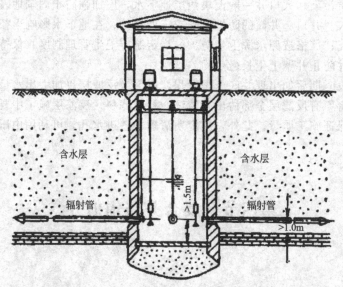

图5-36　井底封闭单层辐射管的辐射井

辐射井适合于厚度小而埋深大的含水层。辐射井是一种高效的取水构筑物，与常规管井相比，具有出水量大、占地省、维护管理方便等优点。但辐射井的施工难度较高，施工质量和施工技术水平直接影响出水量的大小。

辐射井按集水井是否进水可分为两种形式：一种是集水井井底与辐射管同时进水；二是井底封闭，仅由辐射管集水，如图 5-36 所示。前者适用于厚度较大（5~10m）的含水层，但集水井井底与辐射管的集水范围在高程上相近，互相干扰较大。后者适用于较薄（≤5m）的含水层，这种形式集水井封底，辐射管施工和维修相对较为方便。

1. 集水井

集水井的作用是汇集辐射管的来水、安装抽水设备以及作为辐射管施工的场所。对于不封底的集水井还可起到取水井的作用。集水井直径不应小于 3m，通常采用圆形钢筋混凝土井筒。

2. 辐射管

为便于辐射管采用顶管施工法，其管材一般采用厚壁钢管（壁厚 6~9mm）。当采用套管施工时，可采用薄壁钢管、铸铁管及其他非金属管。辐射管上的进水孔有条形孔和圆形孔两种，其孔径或缝宽应按含水层颗粒组成确定。圆孔交错排列，条形孔沿管轴方向错开排列，孔隙率一般为 15%~20%。为了防止地表水沿集水井外壁下渗，除在井口外围夯填黏土外，在靠近井壁 2~3m 范围内的辐射管上不设进水孔。

辐射管的配置可分为单层或多层，每层根据补给情况铺设 4~8 根辐射管。为保证进水效率，最下层辐射管距含水层底板的距离不应小于 1m，但此距离不宜过大，以保证在大的水位降落条件下能获得较大的出水量。此外，最下层辐射管还应高出集水井井底 1.5m 以上，便于顶管施工。多层辐射管进水量大，但相互干扰也大，为减小互相干扰，各层应有一定间距。当辐射管直径为 100~150mm 时，层间间距可采用 1~3m。

辐射管的直径和长度，视水文地质条件和施工条件而定。辐射管直径一般为 75~100mm，长度一般在 30m 以内。当设在潜水含水层中时，迎地下水水流方向的辐射管宜长一些。为利于集水和排沙，辐射管应向集水井倾斜一定坡度（1/200~1/100）。

（二）辐射井出水量计算

辐射井因其结构、形状和进水条件复杂，故现有计算公式只能作为估算出水量时的参考。常用的方法有如下几种。

1. 承压含水层辐射井

承压含水层中辐射井的出水量，可按等效"大井"法计算，计算式为：

$$Q = \frac{2.73KMS_0}{\lg \frac{R}{\gamma_a}} \tag{5-42}$$

$$\gamma_a = 0.25^{\frac{1}{n}}L \tag{5-43}$$

式中　Q——辐射井出水量，m^3/d；

　　S_0——集水井外壁水位降落值，m；

　　γ_a——等效大口井半径，m；

　　L——辐射管长度，m；

　　n——辐射管的根数。

其余符号意义同前。

关于等效大口井半径 γ_a，在辐射管长度有限且铺设较密的条件下，也可用下式计算：

$$\gamma_a = \sqrt{A/\pi} \tag{5-44}$$

式中　A——辐射管分布范围圈定的面积，m^2。

2. 无压含水层辐射井

无压含水层辐射井出水量计算简图，如图 5-37 所示，可根据辐射管互阻系数法计算出水量。该法是根据辐射管的工作状况，确定单根辐射管的出水量，然后按辐射管根数，用互阻系数近似表达辐射管之间的干扰，进而得到整个辐射井的出水量计算式：

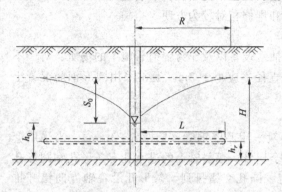

$$Q = qn\alpha \tag{5-45}$$

$$\alpha = \frac{1.609}{n^{0.6864}} \tag{5-46}$$

$$q = \frac{1.366K(H^2 - h_0^2)}{\lg \dfrac{R}{0.75L}} \tag{5-47}$$

式中　q——单根辐射管的出水量，m^3/d；

　　　n——辐射管根数；

　　　α——辐射管之间的干扰系数；

　　　L——辐射管长度，m；

图 5-37　无压含水层中辐射井计算简图

　　　h_0——集水井外壁动水位至含水层底板的高度，m。

其余符号含义同前。

当辐射管中心至含水层底板的高度 $h_r > h_0$ 时，q 由下式计算：

$$q = \frac{1.366K(H^2 - h_0^2)}{\lg \dfrac{R}{0.25L}} \tag{5-48}$$

式中各符号含义同前。

（三）辐射井的施工与维护管理

集水井的施工方法与大口井类似，多采用沉井法施工。

辐射管施工多采用顶进施工法。以集水井为工作间，将油压千斤顶水平放置，由千斤顶将带顶管帽的厚壁钢质辐射管顶入含水层，辐射管顶入位置对面的井壁为后支撑，如图 5-38 所示。

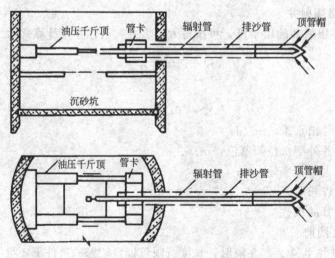

图 5-38　辐射管顶进施工法

在顶进过程中，辐射管内放排沙管，排沙管与带孔眼的顶管帽联结，含水层地下水携细

水资源与取水工程

沙进入排沙管，排至集水井。这样，辐射管周围含水层的细小颗粒已排除，故能形成天然反滤层。顶进一节辐射管后，再接一节辐射管，一般用螺纹连接，直至达到设计长度。受集水井直径限制，每节辐射管长度一般 1～2m。

辐射井的维护管理基本上同大口井。

第五节　渗　渠

渗渠是指壁上开孔，以集取浅层地下水的水平管渠。如图 5-39 所示。

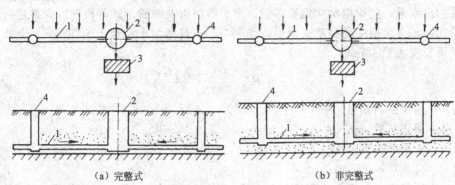

（a）完整式　　　　　　　　　（b）非完整式

图 5-39　渗渠（集取地下水）
1—集水管；2—集水井；3—泵站；4—检查井

渗渠适用于潜水含水层厚度小于 5m、渠底埋藏深度小于 6m 的情况。可铺设在河流、水库等地表水体之下或旁边，集取河床地下水或地表渗透水。由于集水管是水平铺设的，也称水平式地下水取水构筑物，其特点是主要依靠增长集水管长度来增加出水量，以此区别于井。

一、渗渠的构造与形式

（一）渗渠的构造

渗渠通常由集水井、集水管、检查井和泵站组成。

集水井一般为钢筋混凝土结构，其作用是汇集集水管的来水、安装抽水设备、调节水量及沉沙等。

集水管一般为钢筋混凝土穿孔管，当水量较小时，可用穿孔混凝土管、陶土管、铸铁管；也可以用带缝隙的干砌块石或装配式钢筋混凝土构件砌筑成拱形暗渠。

检查井用来清淤、疏通、检修。

（二）渗渠的形式

按埋设位置和深度不同，渗渠可分为完整式和非完整式，如图 5-39～图 5-41 所示。完整式渗渠一般是在薄含水层的条件下，埋设在基岩上；非完整式渗渠是在较厚的含水层条件下，埋设在含水层中。按集水管（渠）的断面形状分为在含水层中开挖明渠、埋设暗管或拱形暗渠。

渗渠平面布置，应根据水文地质、补给来源以及河水水质等条件而定，一般可分为平行于河流、垂直于河流和平行与垂直于河流组合等三种形式。平行于河流布置，在枯水季节，地下水补给河水，渗渠截取地下水，在丰水季节，河水补给地下水，渗渠截取河流渗水，故全年产水量均衡、充沛，并且施工与维修均较方便。对于地下水补给较差，河流枯水期流量小，或河水主流摆动不定等情况时，采用垂直于河流布置，以最大限度截取河床潜流水。此种布置形式集取水量大，但施工、检修困难；出水量、水质受河水影响大；易淤塞。

平行与垂直于河流组合布置兼有平行于河流布置和垂直于河流布置的优点，产水量稳定，取水安全可靠，但建造费用大。为防止两个方向的渗渠距离太近，产水量互相影响，两个方向渗渠夹角宜大于120°。

二、渗渠出水量的计算

渗渠的出水量，应根据水文地质参数、渗渠类型以及布置形式等资料和条件进行计算。

铺设在潜水含水层中的完整式渗渠，如图5-40，且两侧水文地质条件相同、集水管双面进水、渗渠长度大于50m时：

$$Q = KL \frac{(H^2 - h_0^2)}{R} \tag{5-49}$$

式中　Q——渗渠的出水量，m^3/d；

　　　K——渗透系数，m/d；

　　　L——渗渠的长度，m；

　　　H——含水层厚度，m；

　　　h_0——渗渠内水位至含水层底板的高度，m，对于完整式渗渠，即渗渠内水深；

　　　R——影响半径，m。

如图5-40，当渗渠的长度小于50m时：

$$Q = 1.37 KL \frac{(H^2 - h_0^2)}{\lg \frac{R}{0.25L}} \tag{5-50}$$

式中各符号含义同前。

对于潜水非完整式渗渠，如图5-41，当两侧水文地质条件相同，渠壁和渠底同时进水时：

$$Q = KL \frac{(H^2 - h_0^2)}{R} \sqrt{\frac{t + 0.5r}{h_0}} \cdot \sqrt[4]{\frac{2h_0 - t}{h_0}} \tag{5-51}$$

式中　t——非完整式渗渠内的水深，m；

　　　r_0——渗渠半径，m。

其余符号含义同前。

对于布置在河流岸边或河床下的渗渠，其出水量计算可参考有关书籍。

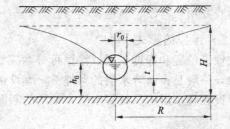

图5-40　无压含水层完整式渗渠计算简图　　　图5-41　无压含水层非完整式渗渠计算简图

三、渗渠的设计要点

（一）集水管设计

1. 水力计算

集水管（渠）的管径或断面尺寸应根据最大集水流量经水力计算确定。管（渠）内流态为无压流，管（渠）内水深与管（渠）内径之比称为充满度，该值应为 0.4～0.8。水力要素设计要求为管内流速 0.5～0.8m/s；管（渠）底坡度大于或等于 0.2%；集水管内径或短边长度不小于 600mm。水力计算方法与重力流排水管相同，其要点为设计流量 Q、糙率 n 一定时，设计满足规范要求的管（渠）内流速、管径或断面尺寸及管（渠）底坡度。设计时，还应根据枯水期水位校核最小流速，根据洪水期水位校核管径。

当渗渠总长度很长时，应分段进行计算，按出水量确定各段的管径，但规格不宜过多。

2. 进水孔与人工反滤层设计

集水管上的进水孔有圆孔和条孔两种。圆孔孔径 20～30mm，间距为孔眼直径的 2～2.5 倍。条孔宽 20mm，长 60～100mm，纵向间距 50～100mm，环向间距 20～50mm。孔眼内大外小，以防堵塞。进水孔眼交错布置在管渠上 1/2～2/3 部分。进水孔的总面积一般不超过管壁开孔范围总面积的 15%。与管井的入管流速类似，须控制通过渗渠孔眼的流速，《室外给水设计规范》（GB 50013—2006）指出，水流通过渗渠孔眼的允许流速不应大于 0.01m/s，因此可按式（5-52）确定集水管进水孔孔眼的总面积：

$$F = \frac{Q}{v} \tag{5-52}$$

式中　F——渗渠集水管进水孔孔眼的总面积，m^2；

　　　Q——渗渠设计井出水量，m^3/s；

　　　v——水流通过渗渠孔眼的允许流速，m/s。

渗渠集水管外需铺设人工反滤层。反滤层的层数、厚度和滤料粒径的计算，与大口井井底反滤层相同，且最内层滤料的粒径应略大于进水孔孔径。

为防止反滤层淤塞，进入反滤层最外层（紧邻含水层的那层）的渗透流速不宜过大，应小于等于允许渗透流速。计算允许渗透流速可采用吉哈尔特公式（5-35）。

（二）集水井设计

集水井多采用钢筋混凝土结构，平面形状分为矩形或圆形（水量小时可采用圆形）。为检修方便，进口处设闸门。集水井顶面平台，布设人孔、通风管等。产水量较大渗渠的集水井常分为两格，靠近进水管一格为沉沙室，后面一格为吸水室。

集水井的尺寸应根据调节容积、吸水管布置等要求确定。集水井调节容积指设计静水位与设计动水位之间的容积，应按不小于渗渠 30min 的出水量计算，并按最大一台水泵 5min 的抽水量校核。有关吸水管布置对集水井尺寸及最小水深等要求，详见第六章中有关内容。

另外，沉沙室尺寸除检修安装要求外，还应考虑泥沙在沉沙室下沉流速等要求。

（三）检查井设计

在渗渠端部、转角、断面变化处要设检查井；直线部分检查井的间距，应视渗渠的长度和断面尺寸而定，一般采用 50m，当集水管管径较小时，间距可采用 30m。

检查井宜采用钢筋混凝土结构，宽度宜为 1～2m，圆形检查井下口直径不小于 1.0m，上口直径不小于 0.7m。井底宜设 0.5～1.0m 深的沉沙坑。检查井应安装封闭式井盖，即用橡胶圈和螺钉固定在井上，地面式检查井应高出地面 0.5m。易受冲刷影响的检查井，应有防冲设施。

四、渗渠的施工与维护管理

（一）渗渠的施工

1. 集水管的施工

（1）开槽施工法。当潜水埋藏浅、含水层厚度不大时，埋设集水管可采用明沟开挖施工法，然后在开挖的基槽中铺设集水管和人工反滤层。

（2）围堰施工法。在河床下埋设集水管时，应在枯水季节施工，一般需修筑上、下游围堰，并将河水导流，抽干围堰内河水后方能开槽施工。施工完毕后，应将围堰拆除。

（3）开挖地道施工法。当潜水埋藏较深，开挖深度较大时，宜采用开挖地道法施工。施工中应特别注意开挖地层的稳定性，要进行防护支撑和加固。

上述各种施工方法中沟槽开挖环节的工艺流程与给排水管道工程施工类似。以下主要介绍施工排水和集水管人工反滤层的铺设。

施工排水，降低地下水位，是施工中的重要工作，特别在河床下埋设集水管，施工排水尤为重要。施工排水，包括初期排水和施工过程中的经常性排水。排除基坑积水期间的排水称为初期排水。初期排水量包括基坑积水、排水期渗水和降水等。对于围堰施工法，确定基坑初期排水强度时，应根据不同围堰形式、基坑边坡渗透稳定性及坑内水深而定。水位下降速度太快，则围堰或基坑边坡中动水压力变化太快，容易引起坍坡；下降太慢，影响施工进度。一般对土围堰应小于 0.5m/d。经常性排水是指初期排水后，为保持基坑内工程干地施工而进行的排水。经常性排水量由进入基坑的渗水、降水和施工弃水等组成。确定经常性排水强度时，按两种组合：① 渗水量＋降水量，② 渗水量＋施工弃水量，按相应排水量大者选择抽水设备。经常性排水的降水量按抽水时段内的最大日降水量在当日抽干计算。

铺设反滤层之前，按设计要求将筛分好的滤料按粗细规格、所需数量堆放在工地上，再按设计要求，根据设计的各层不同规格滤料的铺设宽度、厚度等，在沟槽内定上标志桩，以便铺设各层滤料。施工时各层滤料粗细规格、铺设顺序应严格按要求分层铺设。滤料要均匀，不符合要求的泥沙含量不超过总质量的 5%，反滤层应包满集水管，如图 5-42 所示。

渗渠回填土应使用开槽时挖出的原状土，下层回填土应采用人工回填，沿管子两边对称分层进行。位于河床下的渗渠，待上层回填土用推土机全部填平后，上部应铺砌 0.3～0.5m 厚的块石，如图 5-42（b），以防冲刷。

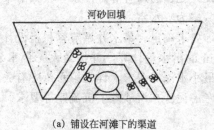

（a）铺设在河滩下的渠道　　　　　　（b）铺设在河床下的渠道

图 5-42　渗渠人工反滤层铺设（每层滤料 0.2～0.3m）

2. 集水井与检查井的施工

渗渠集水井的施工与大口井、辐射井相似；检查井的施工与排水工程中检查井的施工方法相同。

（二）渗渠的维护管理

渗渠的维护管理与管井、大口井的管理有共同之处，还应注意以下几点：

（1）记录渗渠在不同时期出水量的变化。渗渠的出水量与河流流量的变化关系密切，当河流处于丰水期时，渗渠出水量大，枯水期时出水量小。每隔5～7d观测并记录井或孔中的水位，及相应的河水水位与水泵的出水量，连续观测2～3年，则可基本掌握渗渠出水量的变化规律。

（2）要做好渗渠的水质检测和水源卫生防护工作。

（3）做好渗渠的定期清淤工作。设置于河床中的渗渠，还要做好渗渠的防洪，检查井、集水井等要严防洪水冲刷和洪水灌入。应在每年洪水期前，做好一切防洪准备，详细检查井盖封闭是否牢靠，洪水过后应再次检查并及时清淤，修补被损坏部分。

（4）运行时，应按不超过设计出水量控制抽水，以便控制地下水进入反滤层时的渗透速度和进入集水管时流速，以避免或延缓渗渠淤塞。

（5）如发生河床主流偏移、区域性地下水位下降等变化，会造成渗渠的出水量减少。可采取河道整治、修建地下潜水坝等措施。在渗渠所在的河床下游10～30m范围内修建地下截水潜坝，如图5-43所示，可增大渗渠出水量。

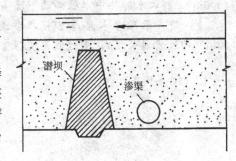

图5-43　河床截水潜坝

思考题与技能训练题

1. 解释术语：完整井、非完整井、管井的单位出水量、井群互阻系统、反滤层、井壁进水流速、入管流速。

2. 简述各类地下水取水构筑物的构造及适用条件。

3. 管井的水力计算解决什么问题？有哪些方法？

4. 如何确定过滤器孔眼的直径？

5. 缠丝过滤器加垫筋的作用是什么？

6. 管井设计中为什么要进行出水量的设计复核？如何确定允许入管流速、井壁允许进水流速？

7. 写出管井的建造程序及各工序的作用与方法。

8. 简述正循环与反循环回转钻进的施工工艺。

9. 冲孔换浆与洗井有何不同？它们的目的分别是什么？

10. 管井施工中向井孔中输入泥浆的作用是什么？反映泥浆性能的主要技术指标有哪些？

11. 管井施工中，从理论上如何计算回填砾料的总体积？

12. 如何铺设大口井井底反滤层？

13. 某水源地拟在某中砂承压含水层中建造井径为500mm的完整井两眼，井距为200m。已知含水层厚度为30m，渗透系数15m/d，井的影响半径为700m，各井设计水位降深为10m。要求：

（1）计算单独抽水时各井的出水量。

（2）计算两井同时抽水时各井的出水量。

（3）计算井群的流量减小系数。

14. 对于本章【案例5-3】，若三眼井改为三角形布置，相邻两眼井的井距及其他有关数据均不变，试分析计算各井的干扰出水量及井群的流量削减系数。

15. 在一中砂潜水含水砂层钻孔直至水平黏土层，含水层厚16m。为确定含水层的渗透系数，进行稳定流抽水试验，抽水流量600m³/d，抽水达稳定后，井水位下降4m。钻孔直径250mm，影响半径300m，试求渗透系数。

16. 某承压含水层均质等厚，厚度为10m，在其中打一完整井，井直径200mm。在距井中心30m处有一观测孔，当抽水至稳定水位时，井中水位降深为4m，观测孔中的水位降深为1m。试求井的影响半径。

17. 某厂打一取水井，井径530mm，井深40m，初见水位为地面下5m，由地表至25m深处地层岩性分别是亚砂土、粗砂和较纯的砂砾卵石；25～34m处为中粗砂，34～40m处为黏土层，经稳定流抽水试验知渗透系数120m/d，影响半径548m，若该厂每天需水4300m³，则取水时井中水位必须下降多少？

18. 有一承压含水层厚25m，渗透系数20m/d，影响半径200m。井孔揭露含水层厚10m（即过滤器长度），若过滤器直径1000mm，试计算降深4m时井的出水量。

第六章
地表水取水工程

学习指南

地表水取水工程系统包括地表水水源、地表水取水构筑物、取水泵站、输水管路等。地表水水源的水量与水质分析计算，在第二章、第四章已分别介绍过，本章重点介绍地表水取水构筑物位置选择、类型、构造与计算等。地表水取水构筑物与取水泵站是取水工程系统的有机整体，因此，本章也将介绍水泵的吸水要求以及泵房布置等内容。地表水取水构筑物的类型，按构造形式分为：固定式取水构筑物、移动式取水构筑物、山区浅水河流取水构筑物等。本章依据的规范主要为《室外给水设计规范》（GB 50013）。学习目标如下：

（1）能够熟练表述各类地表水取水构筑物的组成部分与布置形式；理解适用条件。

（2）能熟练进行格栅计算（进水孔面积）和格网计算（进水孔面积）的计算，并会选择格栅与格网的尺寸。

（3）能进行中小型固定式取水构筑物的设计与计算，包括取水头部、进水管、集水间设计与计算的方法。

（4）能熟练识读各种类型地表水取水构筑物的图纸。

第一节 概 述

一、地表水取水工程系统及取水构筑物分类

地表水是我国城镇给水的主要水源，地表水取水工程是城镇给水系统的重要组成部分。地表水主要包括河流、湖泊等天然水体，以及水库、运河等人工水体。地表水取水工程一般指由人工构筑物构成的从地表水水体中获取水源的工程系统。

地表水取水工程系统由地表水水源、取水构筑物、取水泵站与输水管路等组成。地表水水源为系统提供了满足一定水量、水质的原水；地表水取水构筑物指从地表水水源地集取原水的构筑物，其任务是安全可靠地从水源地集取原水；取水泵站与输水管路共同完成原水输送到后续处理设备、后续处理工艺的任务。

地表水取水构筑物，按构造形式划分为固定式、移动式和山区浅水河流取水构筑物。固定式取水构筑物应用较广，分为岸边式、河床式和斗槽式；移动式取水构筑物分为浮船式和缆车式；山区浅水河流取水构筑物，常见形式有底栏栅式和低坝式。

二、影响地表水取水构筑物运行的主要因素

1. 水中漂浮物及冰块产生的影响

水中漂浮物、泥沙、冰凌、冰絮和水生生物将影响取水构筑物的正常与安全运行，会堵塞取水头部，阻断水流，甚至造成停水。因此，在取水构筑物进水口处要设置格栅、格网，还要采取防止淤积，冰凌、木筏和船只撞击的措施等。

我国北方大多数河流在冬季均有冰冻现象，特别是水内冰、流冰和冰坝等，对取水的安全有很大影响。冬季当河水温度降至0℃时，河流开始结冰。若河水流速较大时，由于水流的紊动作用，使河水过度冷却，水中出现细小的冰晶。冰晶结成海绵状的冰屑、冰絮，称为水内冰。在河底聚结的冰屑、冰絮，称为底冰。悬浮在水中的冰屑、冰絮，称为浮冰。沿水深方向，越接近水面水内冰越多。水内冰极易黏附在进水口的格栅上，造成进水口堵塞，严重时甚至中断取水。春季当气温上升到0℃以上时，冰盖融化、解体而成冰块，随水流漂动，称为春季流冰。流冰冰块较大，流速较快，具有很大的冲击力，对取水构筑物的稳定性有较大影响。流冰在河流急弯和浅滩处积聚起来，形成冰坝，将使上游水位抬高。因此，北方河流上的取水构筑物必须采取防冰措施。

2. 径流变化产生的影响

由于流量、水位变化的随机性，为满足取水与防洪要求，取水构筑物以设计洪水位、设计枯水位、设计枯水流量等作为设计和运行的依据。江河取水构筑物的防洪标准不得低于城市防洪标准，其设计洪水的重现期不得低于100年。设计枯水位的保证率，应根据水源情况、供水重要性，在90%～99%范围选定，将设计枯水位$Z_{枯P}$作为确定取水口高程的依据。设计枯水流量$Q_{枯P}$的保证率，应根据城市规模、用户的重要性，在90%～97%范围选定，镇的设计枯水流量保证率，可根据具体情况适当降低。一般取水量$Q_{取} \leqslant$（15%～25%）$Q_{枯P}$。

3. 河流泥沙运动与河床演变

河流泥沙运动与河床演变对取水构筑物长期可靠的工作产生着很大影响。河流横断面泥沙分布规律，一般是沿水深方向，近河底含沙量大，泥沙粒径也大，越靠近水面含沙量越小，泥沙粒径也越小；沿水面宽方向，河心（主流区）的含沙量略高于近岸边的含沙量。因此，洪水季节应尽可能取表层水。

河床演变是指由于水流的冲淤作用，使河床形态产生的变化现象。由于河床演变，泥沙可能淤积取水口，使取水构筑物取水能力下降；由于河床演变，主流线可能远离取水口，导致无法取水。因此，必须针对不同类型的河段，正确选择取水构筑物的位置。

4. 人类活动影响

丢弃的垃圾抛入河流可能导致取水构筑物进水口的堵塞或撞坏取水构筑物；岸边有害废料场、进入河流的污水等会污染水源；引江河水灌溉、疏导河流等人为因素，都将影响河流的径流变化规律与河床变迁的趋势。因此，取水构筑物在设计与运行时，必须考虑人为因素对河流特征及对取水构筑物的影响，采取有效的防范措施。

三、地表水取水构筑物的位置选择

正确选择取水构筑物位置是设计中一个十分重要的环节，应深入现场，做好调查研究，全面掌握河流的特性，根据取水河段的水文、地形、地质、卫生等条件，全面分析，综合考虑，提出几个可能的取水位置方案，进行技术经济比较。在条件复杂时，尚需进行水工模型试验，从中选择最优方案。

（一）考虑水量水质与输水距离选择取水构筑物的位置

取水构筑物位置应选择水量充沛、水质及河段卫生条件良好的地段，宜位于城镇和工业企业上游的清洁河段，在污水排放口的上游 100m 以上。如岸边水质欠佳，应从江心取水。此外，对人类活动影响水质的情况要作出估计。

取水构筑物位置的选择应与工业布局和城市规划相适应，全面考虑整个给水系统（输水管线、净水厂、二级泵站等）的合理布置。在保证取水安全的前提下，取水构筑物应尽可能靠近主要用水地区，以缩短输水管线的长度，减少输水管的投资和运行费用。此外，输水管的敷设应尽量减少穿越河流、谷地、铁路、公路等。

（二）不同类型河段取水构筑物位置的选择

（1）在顺直河段，取水构筑物位置应设在河岸河床稳定、深槽主流近岸处，通常是河流较窄、流速较大，水深较大的地点。也可修建丁坝，使主流近岸，如图 6-1 所示。在取水构筑物进口处的水深一般要求不小于 2.5m，对于小型取水口，水深可降低到 1.5～2.0m。

（2）在弯曲河段上，取水构筑物位置宜设在凹岸。因凹岸受到冲刷形成主流深槽，近岸水流较深，流速大，可减少泥沙淤积。如图 6-2 所示，为避免强烈的冲刷，取水口宜设在顶冲点稍下游（0.3～0.4）L 范围内。对于

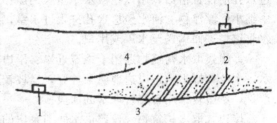

图 6-1 取水构筑物位置与丁坝示意图
1—取水构筑物；2—丁坝系统；3—淤积区；4—主流线

凸岸，岸坡平缓，容易淤积，深槽主流离岸较远，一般不宜设置取水构筑物。

（3）分汊河段取水口应设在较稳定的和发展的汊道上，不应选在衰退的汊道上，以免因淤积而无法取水。

（4）在游荡型河段修建取水构筑物要慎重。因取水需要，必须在游荡型河段取水时，应采用桥墩式取水构筑物，且须采取河道整治措施。

（5）在支流交汇处，易于沉积泥沙，因此，取水口应离开支流汇入处，或位于对岸一侧，或在汇入口的上游，如图 6-3 所示。

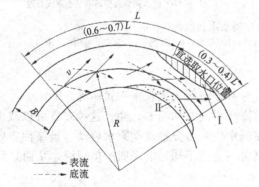

图 6-2 凹岸河段取水口
Ⅰ—泥沙最小区；Ⅱ—泥沙淤积区

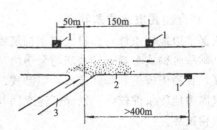

图 6-3 取水构筑物与支流汇入口的距离
1—取水构筑物；2—泥沙堆积锥；3—支流

（6）避免在蛇曲河段、河流断面突然变化处（如入海口附近）、山区河流出峡谷处、齿状边滩的河段设置取水口；避免在河流的死水区或回水区设置取水口。

此外，取水构筑物位置的选择，应与水资源综合利用要求相适应。例如，不妨碍航运和防洪、正确处理与农业灌溉及木材流放等有关部门的关系。

第二节 岸边式取水构筑物

一、岸边式取水构筑物的基本形式

（一）组成部分与适用条件

岸边式取水构筑物指直接从河流（或湖泊）岸边取水的构筑物，一般由进水间、泵房两部分组成，如图 6-4 所示。进水间也称为集水井、集水间，分为进水室和吸水室，进水室的进水孔前设置格栅，用以拦截水中粗大的漂浮物；吸水室的进水孔前设置格网，用以拦截水中细小的漂浮物。河水经进水孔进入进水室，再经过格网进入吸水室，然后由水泵抽送至输水管道，进而输送至水厂或用户。

岸边式取水构筑物适用于主流近岸、岸边有足够的水深，以保证设计枯水位时能安全取水，水位变幅不大；岸边地质条件好，岸坡较陡，河床、河岸稳定；便于施工；水中漂浮物严重，不适宜采用自流管取水的河段。

岸边式取水构筑物，按照进水间与泵房的位置，分为合建式和分建式两种基本形式。

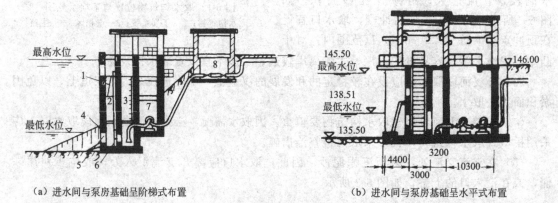

（a）进水间与泵房基础呈阶梯式布置　　　　　　　（b）进水间与泵房基础呈水平式布置

图 6-4　合建式岸边取水构筑物

1—进水间；2—进水室；3—吸水室；4—进水孔；5—格栅；6—格网；7—泵房；8—阀门井

（二）合建式取水构筑物

根据岸边地质条件，合建式取水构筑物分为基础呈阶梯式和水平式两种。

基础呈阶梯式布置，进水间与泵房的基础高程不同，如图 6-4（a）。这种布置可以减少泵房深度，有利于施工和降低造价，但卧式泵在低水位时需要抽真空充水启动，且该种布置形式要求岸边地质条件较好，以保证进水间与泵房不会因不均匀沉降而产生裂缝，从而导致渗水或结构破坏。

如图 6-4（b），基础呈水平式布置，与阶梯式布置相比，对岸边地质条件要求相对低一些，采用卧式泵，泵顶安装在设计最低水位以下，水泵可以自灌启动，管理方便，运行可靠。但是，水平式布置的泵房较深，土建费用增加，通风及防潮条件差，且操作管理不便。

既解决通风条件差，又能避免抽真空问题，可采用立式泵，如图 6-5 所示。机电设备置于泵房进口地坪以上，操作管理方便，通风条件好，建筑面积小，但吸水室与泵房之间要严格密封防水；泵与电机连接轴线长，安装技术要求高。

近几年，取水泵站中也较多采用潜水电泵抽取地表水，吸水室与泵房合建，不存在抽真空启动、通风条件差的问题，且建筑面积小；潜水电泵的水泵和电动机在制造厂家就已经组装成一体，大大简化了泵站现场安装的工作，安装十分简便、快捷；运行维护方便。还可以将潜水电泵设在岸边斜坡上，如图6-6所示，这种取水方式结构简单、投资少，适宜在水中漂浮物不多、取水量不大时采用。

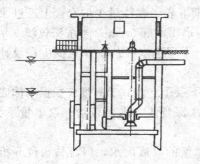

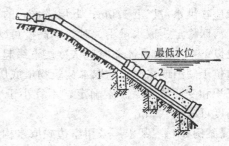

图6-5 采用立式泵的合建式岸边取水构筑物

图6-6 用潜水泵取水
1—支承板；2—潜水泵；3—潜水电动机

合建式取水构筑物进水间与泵房合建在一起，其优点是布置紧凑，占地面积小，水泵吸水管路短，运行管理方便，因而采用较广泛，适用在岸边地质条件较好时。但合建式土建结构复杂，施工较困难。

（三）分建式取水构筑物

当岸边地质条件较差，进水间不宜与泵房合建时，或者分建对结构和施工有利时，则宜采用分建式，如图6-7所示。

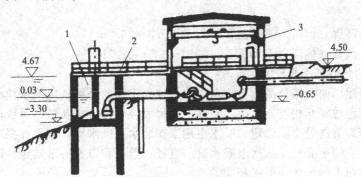

图6-7 分建式岸边取水构筑物
1—进水间；2—引桥；3—泵房

分建式岸边取水构筑物的进水间设于岸边，泵房则建在岸内地质条件较好的地点，但不宜距进水间太远，以免吸水管过长。进水间与泵房之间的交通大多采用引桥，有时也采用堤坝连接。分建时土建结构简单，施工较容易，但操作管理不便，吸水管路较长，增加了水头损失，运行的可靠性不如合建式。

二、岸边式取水构筑物的构造和计算

（一）进水间的构造和计算

1. 进水间的平面形状

取水构筑物一般采用钢筋混凝土结构。进水间的平面形状有圆形、矩形、椭圆形等。圆形结构受力条件好，便于沉井施工，但不便于设备的布置；矩形结构，设备安装、吸水管分格均较方便，通常用于集水井深度不大的情况，可采用大开槽施工法，但造价较高；椭圆形结构兼有二者优点，但施工较复杂，可用于大型取水构筑物。

2. 进水孔的位置

岸边式取水构筑物的进水孔，当河流水位变幅较小时，可采用单层进水孔；当河流水位变幅在 6m 以上时，一般设置两层进水孔，以便洪水期取表层含沙量少的水。上层进水孔的上缘应在洪水位以下 1.0m；下层进水孔的下缘至少应高出河底 0.5m，当水深较浅、水质较清、河床稳定、取水量不大时，其高度可减至 0.3m。下层进水孔的上缘至少应在设计最低水位以下 0.3m，有冰盖时应从冰层下缘起算。

位于湖泊或水库边的取水构筑物最底层进水孔的下缘距水体底部高度应根据水体底部泥沙沉积和变迁情况等因素确定，不宜小于 1.0m。当水深较浅、水质较清、取水量不大时，其高度可减至 0.5m。

【案例 6-1】 某水厂采用岸边式取水构筑物从无冰絮的河流取水，河流枯水位分析结果见表 6-1，设计枯水保证率为 95％。取水口处的河底高程为 22.0m，试确定该取水构筑物最底层进水孔上缘高程（标高）不得高于何值？下缘高程（标高）不得低于何值？

表 6-1　河流枯水位分析结果

枯水位重现期	枯水位/m	枯水位重现期	枯水位/m
十年一遇	28.0	五十年一遇	26.0
二十年一遇	27.0	历史最低	24.8

解： 根据频率与重现期的关系，计算保证率 95％ 时的重现期为二十年一遇，即设计枯水位为 27.0m。

进水孔上缘高程（标高）不得高于：$27.0-0.3=26.7m$

进水孔下缘高程（标高）不得低于：$22.0+0.5=22.5m$

3. 进水间的分格与平面尺寸

进水室一般用横向隔墙分成两个或两个以上独立工作的分格，以便于检修、清洗和排泥等。分格之间设连通管互相连通。进水室的平面尺寸应根据进水孔、格栅或格网、闸板的尺寸、安装、检修和清洗等要求确定。吸水室用来安装水泵吸水管，其设计要求与泵房吸水井基本相同。吸水室的平面尺寸按水泵吸水管的直径、数目和布置要求确定。进水室和吸水室在顺河水流向方向上的尺寸一般是相同的。

进水孔的尺寸，应根据进水流量并配合格栅或格网、闸板的标准尺寸确定。

4. 进水间顶面高程和底面高程

进水间顶部是操作平台，操作平台设有闸阀启闭设备和格栅或格网的起吊设备，以及冲洗系统等。进水间的顶面高程和底面高程，分别取决于设计洪水位和设计枯水位以及进水孔的高度等。

合建式进水间为非淹没式。非淹没式进水间的顶面高程，一般与取水泵房顶层进口平台（也称进口地坪）高程相同，采用式（6-1）计算：

$$Z_{顶} = Z_{p洪} + 风浪高 + 安全超高 \tag{6-1}$$

式中　$Z_{顶}$——非淹没式进水间的顶面高程，m；

　　　$Z_{p洪}$——取水构筑物的设计洪水位，m。

风浪高根据设计风速等因素确定；《室外给水设计规范》（GB 50013—2006）中规定安全超高取 0.5m。建在江河、湖泊、水库岸边和海岸边的取水构筑物还应考虑防止风浪爬高的措施。

分建式进水间可以是非淹没式，也可是半淹没式。采用半淹没式的进水间，可节省投资，但其顶部平台只在水位低于常水位或某一频率水位时才露出水面，在淹没期内格栅、格网无法清洗，内部积泥无法排除，故仅适用于高水位历时不长，泥沙与漂浮物不多的情况。

岸边式取水构筑物进水间的底面高程，即吸水室的底面高程，由式（6-2）计算：

$$Z_{底} = Z_{min} - h - a - b \tag{6-2}$$

式中　$Z_{底}$——吸水室的底面高程，m；

　　　Z_{min}——吸水室的最低动水位，m；

　　　h——格网高度，m；

　　　a——格网下缘应高出井底的高度，可取 0.2m；

　　　b——格网上缘应淹没在吸水室最低动水位以下的高度，可取 0.1m。

岸边式取水构筑物吸水室的最低动水位 Z_{min} 等于设计枯水位与水流过栅、过网产生的水头损失之差。

（二）进水间附属设备

1. 格栅构造与计算

在进水室的进水孔前应设置格栅，如图 6-8 所示。格栅用于拦截水中粗大漂浮物和鱼类。格栅由金属框架和栅条组成，框架外形与进水孔形状相同。栅条断面有矩形、圆形等。栅条厚度或直径一般采用 10mm。栅条净距视河中漂浮物情况而定，小型取水构筑物宜为 30～50mm，大、中型取水构筑物宜为 80～120mm。格栅安装在进水孔外侧的导槽中，可拆卸便于清洗和检修。格栅与水平面的夹角≤90°，岸边式取水构筑物一般采用 90°。小型取水构筑物栅条也可固定在进水口上。

进水孔或格栅面积按下式（6-3）计算：

$$F_0 = Q/(K_1 K_2 v_0) \tag{6-3}$$

式中　F_0——进水孔或格栅的面积，m²；

　　　Q——设计流量，m³/s；

　　　K_1——栅条引起的面积减少系数，$K_1 = b/(b+s)$，b 为栅条净距，s 为栅条厚度或直径；

　　　K_2——格栅堵塞系数，采用 0.75；

　　　v_0——进水孔过栅流速，m/s。

岸边式取水构筑物的过栅流速，有冰絮时，采用 0.2～0.6m/s；无冰絮时，采用 0.4～1.0m/s。水流通过格栅的水头损失采用 0.05～0.10m。

除上述类型的格栅外，格栅除污机已广泛用于取水构筑物中，特别适用于漂浮物较多的情况。格栅除污机的齿耙连续旋转，将栅条上的污物随时清除至排污槽中。

2. 格网构造与计算

格网分为平板格网和旋转格网。

平板格网一般由槽钢或角钢框架及金属网构成，如图 6-9 所示。金属格网一般设一层；

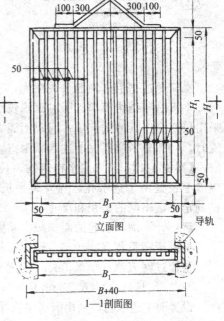

图 6-8　格栅

面积较大时设两层，一层是工作网，用于拦截漂浮物，另一层是支撑网，用于增加工作网强度。工作网的孔眼尺寸视漂浮物情况与水质要求而定，一般为 5mm×5mm～10mm×10mm，网丝直径一般为 1～2mm。支撑网孔眼尺寸一般为 25mm×25mm，金属丝直径 2～3mm。金属网宜用耐腐蚀材料。平板格网通常设于吸水室的进水孔上游，为便于清洗，放置在槽钢或钢轨制成的导槽或导轨内。一般平行设置两道平板格网，其中一道作为备用，当格网工作一段时间后需要提起清洗时，先将备用的格网放下，然后将工作的格网起吊到进水间的操作平台上，进行冲洗。

平板格网的面积按式（6-4）计算：

$$F_1 = Q/(K_1 K_2 \varepsilon v_1) \tag{6-4}$$

式中　F_1——平板格网的面积，m^2；

　　　Q——设计流量，m^3/s；

　　　K_1——网丝引起的面积减少系数，$K_1 = b^2/(b+d)^2$，b 为网眼尺寸，mm；d 为网丝直径，mm；

　　　K_2——格网堵塞后面积减小系数，一般采用 0.5；

　　　ε——水流收缩系数，一般采用 0.64～0.8；

　　　v_1——过网流速，平板格网不应大于 0.5m/s，一般采用 0.2～0.4m/s。

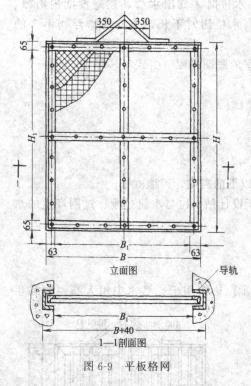

图 6-9　平板格网

水流通过平板格网的水头损失，采用 0.1～0.2m。

平板格网结构简单，所占面积较小，可以缩小进水间尺寸。在中小水量、漂浮物不多时采用较广。但其冲洗麻烦；网眼不能太小，因而不能拦截较细小的漂浮物；每当提起格网冲洗时，一部分杂质还可能进入吸水室。

【案例 6-2】某镇取水构筑物，设计取水流量为 $0.122m^3/s$，在进水室与吸水室之间的隔墙上设置两个进水孔，并安装平板格网，网眼尺寸为 5mm×5mm，网丝直径 $d=2mm$。试确定平板格网的面积和尺寸。

解： 计算网丝引起的面积减少系数：$K_1 = b^2/(b+d)^2 = 5^2/(5+2)^2 = 0.51$

格网堵塞系数 $K_2 = 0.5$，取水流收缩系数 $\varepsilon = 0.8$

初拟过网流速 $v_1 = 0.3m/s$，则平板格网面积为：

$$F_1 = Q/(K_1 K_2 \varepsilon v_1) = 0.122/(0.51 \times 0.5 \times 0.8 \times 0.3) = 1.99m^2$$

设置两个进水孔，利用国家建筑标准设计给水排水标准图集 S_3（上），图集号 90S503-4，确定进水孔尺寸 $B_1 \times H_1 = 1100mm \times 900mm$，相应格网尺寸为 $B \times H = 1200mm \times 1000mm$。

校核流速：进水孔总面积为 $1.1 \times 0.9 \times 2 = 1.98m^2$，实际过网流速为 $v_1' = 0.122/(0.51 \times 0.5 \times 0.8 \times 1.98) = 0.302m/s$，符合规范中关于过网流速的要求。

当水中漂浮物较多、取水量较大时采用旋转格网，它由绕在上下两个旋转轮上的连续网板组成，用电动机带动，如图 6-10 所示。网板由金属框架和金属网组成。一般网眼尺寸为 4mm×4mm～10mm×10mm，网丝直径 0.8～1.0mm。

旋转格网的布置方式有直流进水、网外进水和网内进水三种，如图 6-11 所示。

直流进水和网外进水是常用形式。直流进水水力条件好，滤网上水流分配均匀，经过两次过滤，水质较清，网格室占地面积小；但是格网工作面积只利用一面，网上残留的污物可能掉入吸水室。网外进水的网格工作面得以充分利用，滤网残留的污物不会进入吸水室，容易清洗和检查；但是水流方向与网面平行，水力条件较差，沿宽度方向格网负荷不均匀，占地面积大。网内进水的优缺点与网外进水基本相同，但截留的污物在网内，不易清除和检查，故采用较少。

旋转格网冲洗方便，拦污效果较好，可以拦截细小的杂质，但其构造复杂，占地面积大，造价高。

旋转格网的有效过水面积，即水面以下的格网面积。可按式 (6-5) 计算：

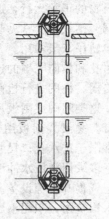
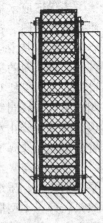

$$F_2 = Q/(K_1 K_2 K_3 \varepsilon v_2) \qquad (6-5)$$

式中　F_2——旋转格网有效过水面积，m^2；

　　　　K_2——旋转格网堵塞后面积减小系数，一般采用 0.75；

　　　　K_3——由于框架引起的面积减小系数，一般采用 0.75；

　　　　v_2——水流通过旋转格网的流速，不应大于 1.0m/s，一般采用 0.7~1.0m/s。

图 6-10　旋转格网

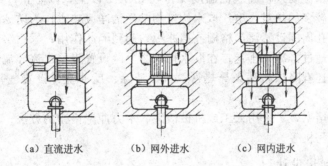

（a）直流进水　　　（b）网外进水　　　（c）网内进水

图 6-11　旋转格网的布置方式

其他符号同平板格网。

旋转格网在最低动水位以下的深度，如图 6-12 所示。当直流进水时：

$$H = F_2/B - R \qquad (6-6)$$

式中　H——旋转格网在最低动水位以下的深度，m；

　　　　F_2——旋转格网有效过水面积，m^2；

　　　　B——格网宽度，m；

　　　　R——格网下部弯曲半径，目前使用的标准滤网 $R=0.7$m。

当网内、网外双面进水时：

$$H = F_2/(2B) - R \qquad (6-7)$$

式中各符号含义同前。

水流通过旋转格网的水头损失一般采用 0.15~0.30m。

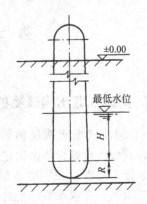

图 6-12　旋转格网设置深度示意图

3. 起吊、切换、冲洗和排泥设备

为保证取水构筑物的正常运行，进水间应设置起吊、切换、冲洗和排泥设备。起吊设备用于吊装格栅、格网、闸板等。常见起吊设备有电动卷扬机，电动和手动单轨吊车，螺杆式启闭机等，其中以单轨吊车最常用。

在进水间的进水孔和横向隔墙的连通孔上需安装切换设备，用于进水室入口、吸水室入口的启闭，以便对格栅、格网进行检修或对进水室和吸水室清洗。常用切换设备有闸板、闸阀、滑阀和蝶阀等，这类闸阀或闸板尺寸较大。闸板构造简单，目前常用钢制闸板，并在闸板四周设橡胶止水带。叠梁式闸板用于启闭敞开式进水孔口，易于控制取水部位的高程位置。滑阀、蝶阀通常限于进水孔口尺寸较小时采用，滑阀承受正向水压的能力有限。

进水室与吸水室多采用高压水冲洗，一般采用穿孔管和喷嘴。排泥可采用排沙泵、排污泵、射流泵、压缩空气提升器等设备。大型取水构筑物多用排沙泵、排污泵或空气提升器，效果较好；小型取水构筑物，积泥不严重时，可用射流泵。冲洗应与排泥相配合，一般在井底设有穿孔冲洗管或冲洗喷嘴，利用高压水一边冲洗，一边排泥，以提高排泥效果。含泥沙较多的河水进入进水间后，常有大量泥沙沉积在进水间，需要及时排泥。

4. 防冰、防草措施

在北方冰冻河流上，为了防止流冰及其冰屑堵塞进水孔格栅，应采用以下防冰措施：

（1）加热格栅。采用电、蒸汽或工业废热水来加热格栅的方法比较有效，在实际中应用较广。一般使进水温度或格栅表面温度保持在 $0.01℃$ 以上，以防止冻结。控制进水温度相对安全，但需要较多的热量，电厂取水构筑物常用洁净废热水作为防冰措施。

（2）在进水孔周围设置浮筒格栅或挡冰板，起到隔冰作用；采用渠道引水，使水内冰在渠道内上浮，并通过排冰渠排走；在取水构筑物上游设置表层水流导流装置，阻止流冰靠近取水口。此外，还有降低格栅条导热性、机械清除、反冲洗、设置气幕等方法防止进水孔冰冻。

为防止水草堵塞，可采用人工或机械清除、水力冲洗格栅的方法；在进水孔前设置挡草排或机械自动清污机等。

（三）取水泵房设计

有关水泵的选型、泵房的平面布置及其附属设备等内容详见《水泵与水泵站》课程。

第三节　河床式取水构筑物

一、河床式取水构筑物的基本形式

（一）河床式取水构筑物的组成部分及适用条件

河床式取水构筑物指由固定在江河中的取水头部及伸入其中的进水管将水引入集水间的取水构筑物，如图 6-13、图 6-14 所示。河床式取水构筑物一般由取水头部、进水管、集水间和泵房组成。在取水头部的进水孔前设置格栅。河水经取水头部的进水孔流入，沿进水管至集水间，然后由泵抽走。河床式取水构筑物与岸边式的不同之处在于，用取水头部、进水管代替岸边式进水室的进水孔。

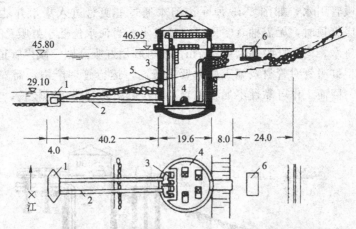

图 6-13 河床式取水构筑物（集水间与泵房合建）
1—取水头部；2—自流管；3—集水间；4—泵房；5—进水孔；6—阀门井

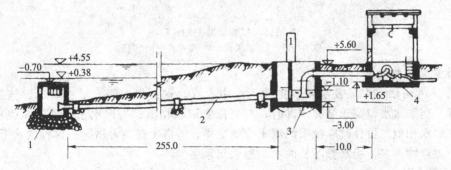

图 6-14 河床式取水构筑物（集水间与泵房分建）
1—取水头部；2—自流管；3—集水间；4—泵房

河床式取水构筑物适用于主流离岸边较远、岸边水深不足，岸坡较缓，岸边水质较差等情况。

(二) 河床式取水构筑物的取水形式

河床式取水构筑物按集水间与泵房的位置关系，分为合建式和分建式。分别如图 6-13 和图 6-14 所示，其优缺点和适用条件与岸边式取水构筑物的合建式和分建式相同。

按照进水形式不同，河床式取水构筑物可分为自流管取水、虹吸管取水、水泵直接取水及桥墩式取水等取水方式。

1. 自流管取水

图 6-13 和图 6-14 均为自流管取水。河水在重力作用下，通过自流管进入集水间，由于自流管淹没在水中，河水靠重力自流，工作较可靠。适用于自流管埋深不大时，或者在河岸可以开挖隧道以敷设自流管时。

当河水位变幅较大，且洪水期历时较长，水中含沙量较高时，可在集水间壁上开设进水孔（图 6-13），或设置不同高度的自流管，以便洪水季节取表层含沙量较小的水。这种形式则称之为取水头部与进水孔（窗）联合取水。但需注意，不同位置的自流管要避开主航道，以免妨碍航运，或因水上运输，造成自流管损坏。

2. 虹吸管取水

在河滩宽阔、河岸较高需开挖大量土方、河岸为坚硬岩石不易开挖或管道需要穿越防洪堤时，可采用虹吸管引水，如图 6-15 所示。河水通过虹吸管进入集水井然后由水泵抽走。当河水位高于虹吸管顶时，无需抽真空即可自流进水；当河水位低于虹吸管顶时，需先将虹吸管抽真空方可进水。由于虹吸高度可达 7m，故可利用虹吸高度，减少管道埋深的工程量，从而降低造价。但虹吸管对管材及施工质量要求较高，运行管理严格，需安装抽真空设备、保证严密不漏气，因而工作可靠性不如自流管。由于虹吸管管路相对较长，容积大，抽真空引水时间较长。

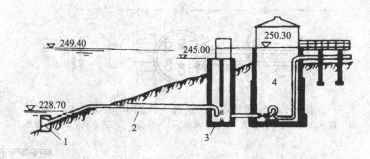

图 6-15　虹吸管取水构筑物
1—取水头部；2—虹吸管；3—集水井；4—泵房

3. 水泵直接抽水

如图 6-16 所示，水泵吸水管直接伸入河中取水，省去集水间，结构简单，施工方便，造价较低。当取水水位高于泵壳顶部时，与自流管取水相似；当取水水位低于泵壳顶部时，与虹吸管取水相似。设计时应根据河流水位的变幅，考虑上述两种情况。这种取水形式仅适用于水中漂浮物不多，吸水管不长的中小型取水泵房。

4. 桥墩式取水

桥墩式取水构筑物也称江心式或岛式取水构筑物，如图 6-17 所示，整个取水构筑物建于水中，在进水间的壁上设置进水孔。桥墩式取水构筑物其位置应满足取水要求，并避开主航道和主流河道。这种取水构筑物建在河内，缩小了河道过水断面，容易造成附近河床冲刷。因此，基础埋深较大，且需要设置较长的引桥和岸边连接，施工复杂，造价较高，同时影响航运和水上交通。故只适合在大河，含沙量较高，取水量较大，岸坡平缓，岸边无建泵房条件的情况下使用。非特殊情况，一般不采用。

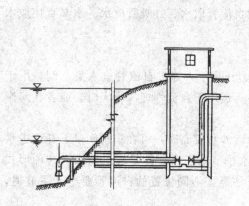

图 6-16　水泵直吸式取水构筑物

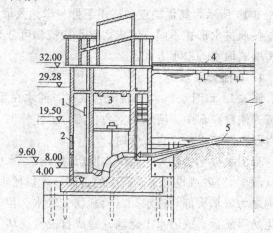

图 6-17　桥墩式取水构筑物
1—进水间；2—进水孔；3—泵房；4—引桥；5—出水管

二、河床式取水构筑物的构造和计算

（一）取水头部的形式和构造

取水头部的型式较多，常用的有管式（喇叭管）、蘑菇形、鱼形罩、箱式、斜板式等。

1. 管式

管式取水头部由格栅、金属喇叭管组成，用桩架或支墩固定在河床上。这种取水头部构造简单，造价较低，施工方便；适用于中小取水量，且无木排和流冰的情况。按喇叭口布置形式分为：顺水流式、水平式、垂直向上式、垂直向下式，如图6-18所示。顺水式适用于泥沙和漂浮物多的情况；水平式一般适用于河道纵坡较小的河段；垂直向上式适用于河岸较陡、河水较深处、推移质多、无冰凌、漂浮物少的河流；垂直向下式常用于水泵直接吸水的情况。

2. 蘑菇形

蘑菇形取水头部是一个向上的喇叭管，其上部加一金属帽盖，如图6-19所示。河水由帽盖底部流入，带入的泥沙及漂浮物较少。头部分几节装配，便于吊装和检修，但头部高度较大，所以要求设置在枯水期仍有一定水深的河段，适用于中小型取水构筑物。

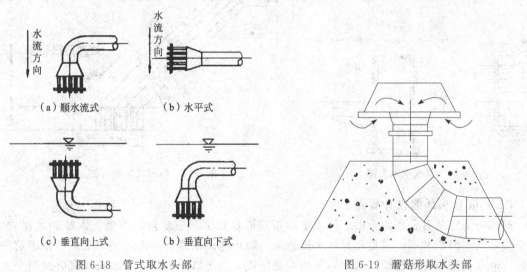

图6-18 管式取水头部 （a）顺水流式 （b）水平式 （c）垂直向上式 （b）垂直向下式

图6-19 蘑菇形取水头部

3. 鱼形罩式

鱼形罩式取水头部是一个两端带有圆锥头部的圆筒，在圆筒表面和背水圆锥面上开设圆形进水孔，如图6-20所示。由于其外形趋于流线型，水流阻力小，而且进水面积大，进水孔流速小，漂浮物难于吸附在罩上，故能减轻水草堵塞，适用于水泵直接从河中取水时采用。

4. 箱式

箱式取水头部由周围开设进水孔的钢筋混凝土箱和设在箱内的进水管组成，如图6-21所示。由于可以多面布设进水孔，进水总面积较大，故适用于取水量较大，而水深较浅；含沙量较少、冬季潜冰较多的河流。箱的平面形状有圆形、矩形、菱形等。

5. 斜板式

斜板式取水头部是指在取水头部设置斜板，如图6-22所示，河水经过斜板时，粗颗粒泥沙即沉淀在斜板上，并滑落至河底，被河水冲走。这种新型取水头部除沙效果较好，适用于粗颗粒泥沙较多的河流。

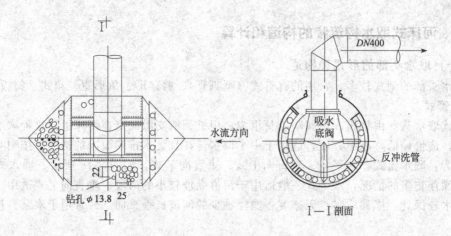

图 6-20　鱼形罩式取水头部

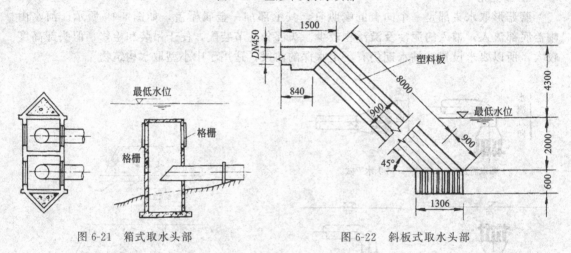

图 6-21　箱式取水头部　　　　图 6-22　斜板式取水头部

（二）取水头部的设计要点

取水头部应具有合理的外形，例如菱形箱式取水头部。应尽量减少吸入泥沙和漂浮物，防止头部周围河床冲刷，避免船只和木排碰撞，防止冰凌堵塞和冲击，便于施工，便于清洗检修。取水头部应布设在稳定河床的深槽主流位置，有足够的水深。取水头部宜分设两个或分成两格。漂浮物多的河道，相邻头部在沿水流方向宜有较大间距。

侧面进水孔的位置要求与岸边式取水构筑物相同。顶面进水孔的位置要求为：进水孔下缘距河床的高程不得小于 1.0m；进水孔上缘在设计最低水位以下的淹没深度不得小于 0.5m（在水体封冻情况下，应从冰层下缘起算）。虹吸进水时，在设计最低水位以下的淹没深度不宜小于 1.0m，当水体封冻时，可减至 0.5m。从湖泊、水库取水时，对底层进水孔位置要求详见第二节。

对于管式取水头部，喇叭口的直径 D 不小于 1.25 倍的管道直径。喇叭口垂直布置时，喇叭口最小悬空高度 $E=(0.6\sim0.8)D$；喇叭口水平布置时，$E=(1.0\sim1.25)D$。喇叭口垂直布置时，喇叭口在最低运行水位时的淹没深度（即最小淹没深度）$F=(1.0\sim1.25)D$；喇叭口水平布置时，$F=(1.8\sim2.0)D$。

取水头部的进水流速过大，易带泥沙、杂草和冰凌；流速过小，会增大进水孔和取水头部尺寸，增加造价和增大对河水流动的影响。进水流速应根据河中泥沙和漂浮物数量、有无冰凌、取水点流速、取水量等确定。对于河床式取水构筑物，有冰絮时为 0.1～0.3m/s；无冰絮时为 0.2～0.6m/s。

取水头部的尺寸取决于进水孔及格栅的尺寸等因素，格栅面积的计算与岸边式相同。

（三）进水管的设计要点

进水管有自流或虹吸等形式。自流管一般采用钢管、铸铁管和钢筋混凝土管。虹吸管要求严密不漏气，宜采用钢管，但埋在地下的也可采用铸铁管。

进水管的条数不宜少于 2 条，当一条故障或检修时，其余部分应能通过设计流量的70％，称为事故流量。

进水管的管径，应根据正常供水时的设计流量，通过水力计算确定。管内设计流速不应小于 0.6m/s，一根检修时，其余管的流速允许达 1.5～2.0m/s。

对不易冲刷的河床，管顶最小埋深应在河床以下 0.5m；有冲刷可能的河床，管顶最小埋深应在冲刷深度以下 0.25～0.30m。

虹吸管的虹吸高度一般采用 4～6m，以不大于 7m 为宜。虹吸管末端至少伸入集水井最低动水位下 1.0m，以免进入空气。虹吸管应朝集水间上升，其最小坡度为 0.003～0.005。

进水管的冲洗设计：当进水管产生淤积时，可采取顺冲和反冲两种清洗方式。顺冲，是在河流水位较高时关闭一部分进水管，使全部水量通过待冲的一根进水管，以加大流速的方法来实现冲洗。顺冲方法简单，但效果较差。反冲，是当河流水位低时先关闭进水管末端阀门，将集水间充水到高水位，然后迅速开启阀门，利用集水间与河流的水位差来反冲进水管。反冲的另一方法是将进水管与压力输水管或冲洗水泵连接进行冲洗，这种方法水量充足、压力大，反冲效果较好。

三、固定式取水构筑物设计案例

（一）基本资料

某镇从其附近的河流取水，采用固定式取水构筑物，基础资料见表 6-2。

表 6-2　某镇取水构筑物设计基础资料

序号	项目	数据
1	供水量形	用户最高日用水量 10000m³/d
2	河流水位与河底高程	防洪设计标准 $P=1\%$ 的设计洪水位为 37.60m；设计用水保证率 97％ 的设计枯水位为 28.60m；河底高程为 25.40m
3	河流流量	设计洪、枯水位相应的流量分别为 8000m³/s，60m³/s
4	河流流速	设计洪、枯水位相应的流速分别为 2.05m/s，0.3m/s
5	河流含沙量和漂浮物	最大含沙量 0.5kg/m³，最小含沙量 0.002kg/m³；有少量水草和青苔，无冰絮
6	水力条件	取水河段的河岸平缓、岸边水深不足，枯水期主流距岸边 48m、最小水深 3.20m

（二）取水构筑物形式的选择

由于取水河段的河岸平缓、岸边水深不足，故采用河床式自流管取水构筑物。自流管伸入河流中心取水，集水井和泵房分建，如图 6-23 所示。

（三）设计取水量的计算

《村镇供水工程设计规范》（SL 310—2004）指出，采用常规净水工艺的水厂，水厂自用水量按最高日用水量的 5％～10％ 计算。本例取 5％，则设计取水量为

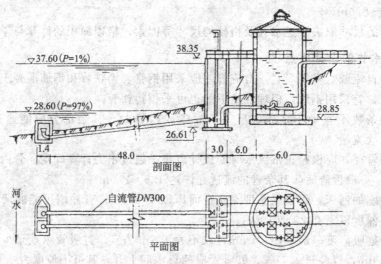

図 6-23 某镇河床式取水构筑物布置

$$Q = 10000 \times 1.05 = 10500 \text{m}^3/\text{d} = 0.122 \text{m}^3/\text{s}$$

（四）取水头部的设计

由于河流较宽，且含沙量小，并且有航船通行，故采用箱式取水头部。迎水面做成尖角形，尖角 α 取 90°，头部周围抛石，以防河床冲刷。取水头部侧面进水。

1. 进水孔和格栅计算

由于冬季无冰絮，根据《室外给水设计规范》（GB 50013—2006）：河床式，无冰絮时过栅流速 0.2～0.6m/s，取设计进水流速 $v_0 = 0.21$m/s。栅条采用扁钢，厚度 $S = 10$mm，栅条间距 $b = 50$mm，格栅堵塞系数，采用 0.75。

$$K_1 = b/(b+s) = 50/(50+10) = 0.833$$

故

$$F_0 = \frac{Q}{v_0 K_1 K_2} = \frac{0.122}{0.21 \times 0.833 \times 0.75} = 0.93 \text{m}^2$$

在取水头部上靠河中心的一侧布设 2 个进水孔，每个进水孔面积为 0.93/2 = 0.465m²。利用国家建筑标准设计给水排水图集 S_3（上），选用图集 90s503-1，确定每个进水孔尺寸为 $B_1 \times H_1 = 700$mm×700mm，格栅尺寸 $B \times H = 800$mm×800mm。

校核流速：进水孔总面积 $= 0.7 \times 0.7 \times 2 = 0.98$m²，则：

$$v_0' = Q/(F_0 K_1 K_2) = 0.122/(0.98 \times 0.833 \times 0.75) = 0.20 \text{m/s}$$

符合《室外给水设计规范》（GB 50013—2006）中关于过栅流速的要求。

2. 取水头部构造尺寸的设计

取水头部的平面尺寸与自流管的直径有关，由自流管的直径 300mm（见下述）及自流管喇叭口的直径及其安装要求，确定取水头部的平面尺寸，如图 6-24 所示。

根据航道要求，取水头部上缘的最小淹没水深取 1.2m。进水孔下缘距河底高度取 1.0m，进水箱底部埋入河床以下深度 1.2m。取水头部位置的河流最小水深为 3.2m，与集水井距离为 48m。确定取水头部的纵剖面尺寸如图 6-24 所示。

（五）自流管计算

自流管设两条，每条设计流量 $q = 0.061$m³/s。

1. 管径

初选自流管流速：$v' = 0.9$m/s

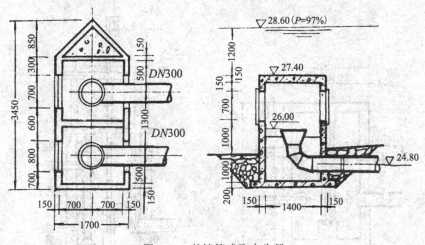

图 6-24　某镇箱式取水头部

管径 $d=\sqrt{\dfrac{4q}{\pi v}}=\sqrt{\dfrac{4\times0.061}{\pi\times0.9}}=0.294\text{m}$，采用 0.3m，则自流管内实际流速为 $v=$ 0.86m/s，满足管内设计流速不小于 0.6m/s 的要求。

2. 自流管水头损失

自流管采用钢管，并考虑运行后可能结垢和淤积，取粗糙系数 $n=0.016$，自流管长 $L=48\text{m}$。

自流管的水力半径 $R=d/4=0.3/4=0.075\text{m}$

谢才系数 $C=\dfrac{1}{n}R^{1/6}=\dfrac{1}{0.016}0.075^{1/6}=40.56\text{m}^{1/2}/\text{s}$

由谢才公式：$v=C\sqrt{Ri}=C\sqrt{R\dfrac{h_\text{f}}{L}}$，得

沿程水头损失 $h_\text{f}=\dfrac{v^2L}{C^2R}=\dfrac{0.86^2\times48}{40.56^2\times0.075}=0.29\text{m}$

局部阻力系数：喇叭管进口 $\xi_1=0.20$，焊接 90°弯头 $\xi_2=0.96$，阀门 $\xi_3=0.10$，出口 $\xi_4=1.0$，$\sum\xi=2.26$，则自流管局部水头损失：

$$h_\text{j}=\sum\xi\dfrac{v^2}{2g}=2.26\times\dfrac{0.86^2}{19.6}=0.10\text{m}$$

总水头损失为：$h_\omega=h_\text{f}+h_\text{j}=0.29+0.10=0.39\text{m}$。

(六) 集水间计算

1. 格网计算

在进水室与吸水室之间的隔墙上设置两个进水孔，并安装平板格网。本章【案例 6-2】即为本案例的格网计算，已得结果：进水孔尺寸为 $B_1\times H_1=1100\text{mm}\times900\text{mm}$，相应格网尺寸为 $B\times H=1200\text{mm}\times1000\text{mm}$。

2. 集水间平面尺寸

根据格网尺寸和水泵的吸水要求（吸水管直径为 200mm），进水室和吸水室的宽度（垂直于河水流向）均采用 1.2m，长度采用 3.2m，集水间平面尺寸，如图 6-25 所示。

3. 集水间的高程（标高）计算

(1) 集水间顶面高程。采用非淹没式，根据式 (6-1)，$Z_顶=Z_{p洪}+$风浪高$+$安全超高$=$ 37.60$+$0.25$+$0.50$=$38.35m。

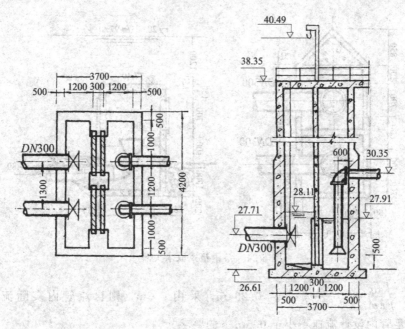

图 6-25　集水间布置图

（2）集水间底面高程。进水室最低动水位＝河流 97％枯水位－自流管的水头损失－水流过栅水头损失＝28.60－0.39－0.1＝28.11m。

吸水室最低动水位＝进水室最低动水位－水流过平板格网水头损失＝28.11－0.2＝27.91m。

平板格网净高 1.0m，格网下缘应高出井底 0.2m，上缘应淹没在吸水室最低动水位以下 0.1m，则集水间底面高程＝27.91－0.1－1.0－0.2＝26.61m。

（3）集水间深度。集水间深度＝集水间顶面高程－集水间底面高程＝38.35－26.61＝11.74m。

（4）正常运用情况下吸水室内的最小水深。吸水室内的最小水深为 27.91－26.61＝1.30m，满足水泵的吸水要求。

（5）一根自流管停止工作时的校核。计算一根自流管停止工作时，吸水室最小水深，以便校核是否满足水泵吸水要求。

当一根自流管故障或检修时，另一根应能通过设计流量的 70％，此时管中流速为：

$$v' = \frac{4Q}{\pi d^2} = \frac{4 \times 0.122 \times 0.7}{\pi \times 0.3^2} = 1.21 \text{m/s}$$

自流管沿程水头损失：

$$h'_f = \frac{1.21^2 \times 48}{40.56^2 \times 0.075} = 0.57 \text{m}$$

自流管局部水头损失：

$$h'_j = 2.26 \times \frac{1.21^2}{19.6} = 0.17 \text{m}$$

当一根自流管故障时，自流管水头损失为：$h_\omega = h_f + h_j = 0.57 + 0.17 = 0.74 \text{m}$。

当一根自流管故障时，过栅、过网水头损失按增大 20％计，则吸水室最低动水位为：

吸水室最低动水位＝河流 97％枯水位－自流管的水头损失－（格栅损失＋格网损失）×1.2

＝28.60－0.74－（0.1＋0.2）×1.2＝27.50m

此时吸水室内的水深为 27.50－26.61＝0.89m，可满足水泵吸水要求。

（七）格网起吊设备计算

1. 起吊重量的计算

$$W = (G + Pf)K \tag{6-8}$$

式中　W——平板格网起吊重量，kN；

　　　G——平板格网与钢绳的重量，kN；

　　　P——作用在平板格网上的静水总压力，kN；

　　　f——格网与导轨间的摩擦系数，一般 $f = 0.44$；

　　　K——安全系数，一般取 $K = 1.5$。

作用在格网上的静水总压力

$$P = SB = 0.2\gamma HB = 1.96 \times 1.0 \times 1.2 = 2.35\text{kN}$$

本例格网与钢绳重 0.98kN，则

$$W = (G + Pf)K = (0.98 + 2.35 \times 0.44) \times 1.5 = 3.02\text{kN} = 0.31\text{t}$$

2. 起吊高度的计算

格网吊至进水间顶部平台以上的距离为 0.2m，而格网下缘应高出井底 0.2m，因此，格网的起吊高度即为集水间深度 11.74m。

根据起吊重量、起吊高度，选用 $MD_1 - 0.5 - 12D$ 型电动葫芦，起重量 0.5t，起吊高度 12m。

3. 起吊架安装高度计算

平板格网高 1.0m，格网吊环高 0.25m，电动葫芦吊钩至工字梁下缘最小距离为 0.685m，格网吊至操作平台以上 0.2m，操作平台高程为 38.35m，则起吊工字梁下缘的高程为：

$$38.35 + 0.2 + 1.0 + 0.25 + 0.685 = 40.49\text{m}$$

由于河水的含沙量不大，因此在集水间中不专设排泥设备，如有积泥，可定期采用人工清除。

第四节　浮船式取水构筑物

当水位变幅超过 10m，采用固定式取水构筑物，进水间和泵房的高度会很大，土建工程的造价大，可采用浮船或缆车式等移动式取水构筑物。

一、浮船式取水构筑物的组成与适用条件

浮船式取水构筑物由浮船、水泵机组、输水斜管、联络管、锚固设施等部分组成。如图 6-26 所示。在我国西南、中南等地区应用较广泛。浮船式取水构筑物具有投资少、建设快、易于施工（无复杂的水下工程），有较大的适应性和灵活性，能经常取得含沙量少的表层水等优点。

按水泵出水管与输水斜管的连接方式分为阶梯式和摇臂式。阶梯式（图 6-26）工作过程是，根据水位变化情况，拆换联络管与输水斜管的接头、移动浮船到最佳取水位置，然后，开动浮船上的水泵机组，将水送至联络管、输水斜管，至岸上的输水管道。阶梯式连接拆换接头时，要暂停止供水，操作管理麻烦，易受水流、风浪、航运影响，供水的安全可靠性较差。摇臂式不需要拆换接头，且适应水位变幅大，使操作管理得到了很大的改善，使用较为广泛。

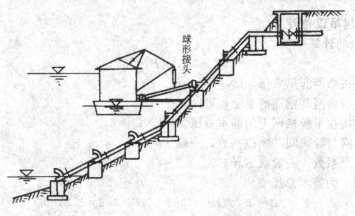

图 6-26 浮船式取水构筑物

浮船式取水构筑物适用于枯水期水深不小于 1.0m，见《泵站设计规范》（GB/T 50265—2010），水位变幅一般在 10～35m，河水位涨落速度不大于 2m/h；河岸比较稳定，河床冲淤变化不大，岸坡适宜，阶梯式宜为 20°～30°；摇臂式宜为 40°～45°；水流平缓、风浪不大、无漂木浮筏的河段。

二、浮船与水泵设置

浮船有木船、钢板船等。一般制造成平底，平面为矩形，断面为梯形或矩形。浮船数量根据供水规模、供水安全程度等因素确定。允许间断供水或有足够容量的调节水池时，或者采用摇臂式连接的，可设置一条浮船。取水量大且不宜断水时，应至少有两条浮船，每船的供水能力，按一条船事故时，仍能满足事故水量设计，即按设计水量的 70% 计算。

浮船尺寸应根据设备设置及管道布置、操作及检修要求、浮船的稳定性等因素确定。目前一般船宽在 5～6m，船长与船宽比为 2：1～3：1，吃水深 0.5～1.0m，船体深 1.2～1.5m，船首尾的甲板长 2～3m。

浮船上的水泵机组应满足布置紧凑、操作检修方便外，应特别注意浮船的平衡与稳定。当每只船上水泵数不超过 3 台时，水泵机组在平面上成纵向布置，也可横向布置，即直线布置（如图 6-27）。水泵竖向布置一般有上承式和下承式两种，如图 6-28 所示。上承式水泵机组安装在甲板上，设备安装和操作方便，船体结构简单，通风条件好，可用于各种船体，采用较多。但船的中心较高，稳定性差，振动较大。下承式的水泵机组安装在船底骨架上，优点与上承式相反，吸水管需要穿过船舷，仅适用于钢板船。

水泵的选择，常选用特性曲线较陡的水泵，使之能在较长时间内都在高效区运行，或根据水位变化更换水泵叶轮。

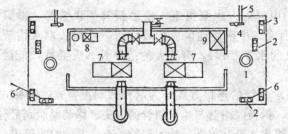

图 6-27 水泵机组平面布置

1—绞盘；2—系缆桩；3—导缆钳；4—撑杆桩；5—撑杆；
6—钢缆绳；7—水泵机组；8—真空泵；9—配电设备

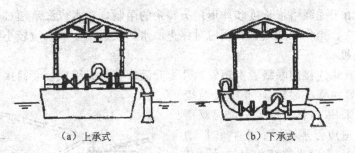

(a) 上承式   (b) 下承式

图 6-28　水泵竖向布置

三、联络管与输水斜管

(一) 联络管

联络管用以连接水泵的总出水管与岸边的输水斜管，无论是采用阶梯式，还是采用摇臂式，均要求联络管转动灵活。

1. 阶梯式连接

阶梯式连接有柔性联络管连接和刚性联络管连接。柔性联络管连接，如图 6-29(a) 所示，采用两端带有法兰接口的橡胶软管作为联络管，管长一般 6～8m。橡胶软管使用灵活，接口方便，但承压一般不大于 0.5MPa，使用寿命短，管径较小（一般 350mm 以下），故适宜在水压水量不大时采用。刚性联络管连接，如图 6-29(b) 所示，采用两端各有一个球形万向接头的焊接钢管作为联络管，管径一般在 350mm 以下，管长一般 8～12m。钢管承压高，使用年限长，故采用较多。管接头如图 6-30 所示。

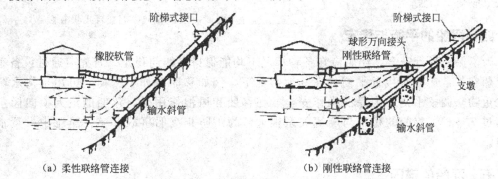

(a) 柔性联络管连接   (b) 刚性联络管连接

图 6-29　阶梯式连接的浮船式取水构筑物

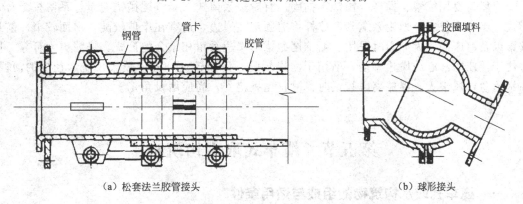

(a) 松套法兰胶管接头   (b) 球形接头

图 6-30　阶梯式连接接头

阶梯式连接由于受联络管长度和球形接头转角的限制，在水位涨落超过一定范围时，就需要移船和换接头，操作较麻烦，并须短时停止取水，仅适用于取水量较小的情况。

2. 摇臂式连接

套筒接头摇臂式连接的联络管由钢管和几个套筒旋转接头组成。套筒接头只能沿轴心旋转，组成套筒式联络管一般需 5～7 个套筒接头。如图 6-31，采用 7 个套筒接头，为双摇臂式联络管，能适应浮船上下、左右和摆动运动，其中套筒 1～4 随水位变化而转动；套筒 5 随船前后起伏颠簸而转动；套筒 6、7 则随船前后微小位移而转动。

摇臂式连接，不需拆换接头，不用经常移船，能适应河流水位的陡涨陡落，管理方便，不中断供水，采用较为广泛。但洪水时浮船离岸较远，上下交通不便。

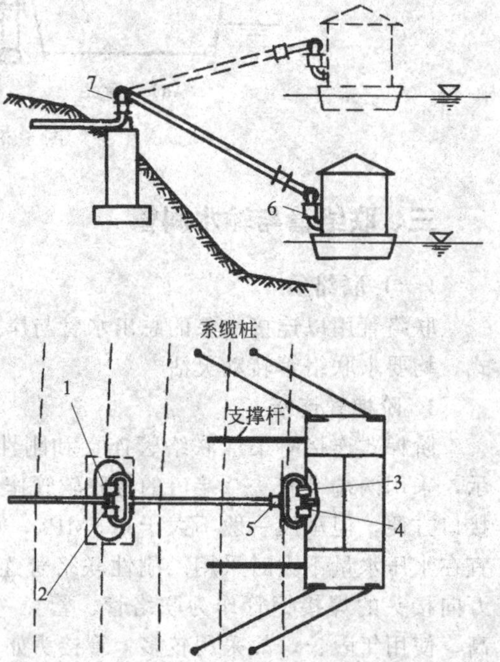

（二）输水斜管

当采用阶梯式连接时，输水斜管上每隔一定距离设置叉管。叉管垂直高差一般宜在 1.5～2.0m。在常年低水位处布置第一个叉管，然后按高差布置其余的叉管。当有两条以上输水斜管时，各条输水斜管上的叉管在高程上应交错布置。

图 6-31　双摇臂式联络管
1～7—套筒接头

四、浮船的平衡与稳定

为了保证运行安全，浮船应在各种情况下均能保持平衡与稳定。首先应通过设备布置使浮船在正常运转时接近平衡。在其他情况下，例如移船时如不平衡，可用平衡水箱或压舱重物来调整平衡。为保证操作安全，在移船和风浪作用时，浮船的最大横向倾角不宜超过 7°～8°。浮船的稳定与船宽关系很大。为了防止沉船事故，应在船舱中设置水密隔舱。

五、浮船的锚固

浮船需要用缆索、撑杆、锚链等锚固。有岸边系留式、船首尾抛锚与岸边系留相结合等形式。岸边系留式，即用系缆索和撑杆将船固定在岸边，适宜在岸坡较陡，河面较窄，航运频繁以及河床抛锚无抓力时采用。船首尾抛锚与岸边系留相结合的形式，锚固更为可靠，同时便于浮船向江心或岸边移动，适用于河岸较陡，河面较宽，流速较大，航运较少的河段。在水流急，风浪大，浮船离岸较远时，除首尾抛锚外，尚应增设角锚。

第五节　缆车式取水构筑物

一、缆车式取水构筑物的组成与适用条件

缆车式取水构筑物由泵车、坡道或斜桥、输水斜管和牵引设备等组成，如图 6-32 所示。

坡道的坡度宜为 $10°\sim28°$。按坡道形式分为斜坡式和斜桥式，图 6-32(a) 为斜桥式，适用于岸坡较陡，岸坡地质条件较差的情况；图 6-32(b) 为斜坡式，适用于坡度较缓，岸边地质条件较好的情况。

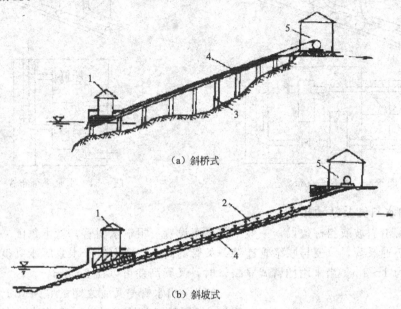

（a）斜桥式

（b）斜坡式

图 6-32　缆车式取水构筑物
1—泵车；2—坡道；3—斜桥；4—输水斜管；5—卷扬机（绞车）房

缆车式取水构筑物的优点与浮船式取水构筑物基本相同，但缆车移动比浮船方便，缆车受风浪影响小，比浮船稳定。

缆车式取水构筑物适用于水位变幅在 $10\sim35m$；河流顺直，主流近岸，岸边水深不小于 $1.2m$，河水涨落速度小于 $2m/h$；河流中无漂木、浮筏的河段。

二、缆车式取水构筑物的构造

（一）泵车与水泵

取水量小时，一般设置一部泵车。取水量大、供水安全要求较高时，需设置两部以上泵车，每部泵车上不少于两台水泵（一用一备或两用一备）。泵车上的水泵宜选用吸水高度大于 $4m$，$Q\text{-}H$ 特性曲线较陡的水泵，以减少移车次数。

有起吊设备的泵车车厢净高应 $4.0\sim4.5m$。无起吊设备时，泵车车厢净高应 $2.5\sim3.0m$。泵车上水泵机组的布置应特别注意泵车的稳定和振动问题，还应布置紧凑，操作检修方便。大中型机组采用垂直布置，如图 6-33 所示，机组重心落在两榀桁架之间，机组放在短腹杆处，振动较小。小型水泵机组采用平行布置，如图 6-34 所示，将机组直接布置在泵车的桁架上，使机组重心与泵车轴线重合，运转时振动小，稳定性好。

（二）坡道

斜桥式坡道一般采用钢筋混凝土多跨连续梁结构。坡道顶面应高于地面 $0.5m$，以避免积泥。在坡道基础上敷设钢轨，当吸水管直径小于 $300mm$ 时，轨距采用 $1.5\sim2.5m$；吸水管直径 $300\sim500mm$ 时，轨距采用 $2.8\sim4.0m$。坡道上除设有轨道、输水斜管外，还应有安全挂钩座、电缆沟、接管平台及人行道等。当坡道上有泥沙淤积时，应在尾车上设置冲沙管及喷嘴。

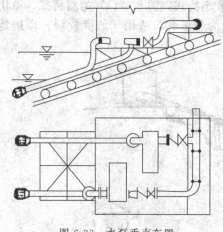

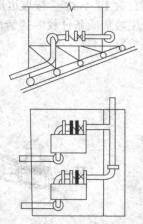

图 6-33　水泵垂直布置　　　　　　　　图 6-34　水泵平行布置

（三）输水斜管及活动接头

输水斜管沿斜坡或斜桥敷设，一般一部泵车设置一根输水斜管，管上每隔一定距离设置正三通或斜三通叉管，以便与联络管连接。叉管的高差主要取决于水泵吸水高度和水位涨落速度，一般为 1～2m。当采用曲臂式联络管时，叉管高差可以在 2～4m。

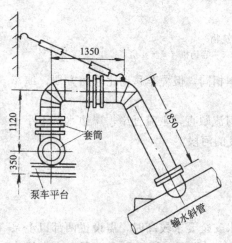

图 6-35　套筒接头连接

在水泵出水管与叉管之间的联络管上要设置活动接头，便于移车时接口对准。活动接头有橡胶软管接头、球形万向接头、套筒活动接头和曲臂式活动接头等。对于小直径橡胶软管接头，拆换一次约需 0.5h，拆装方便，但使用寿命较短，一般用于管径 300mm 以下。对于直径较大的刚性接头，拆换一次需 1～6h（4～6 人），因而刚性接头的拆换费时费力。套筒活动接头，如图 6-35 所示，由 1～3 个旋转套筒组成，拆装接口方便，使用寿命较长，应用较广。

（四）牵引设备与安全装置

牵引设备由卷扬机（绞车）及连接泵车和卷扬机的钢丝绳组成。卷扬机一般设置在洪水位以上岸边的绞车房内。牵引力在 50kN 以上宜用电动卷扬机，操作即安全又省力。

缆车应设置安全可靠的制动装置。在卷扬机和泵车上必须设置电磁铁刹车和手刹车，而以两者并用较安全。泵车固定时，一般采用螺栓夹板式保险卡或钢杆安全挂钩作为安全装置，前者多用于小型泵车，后者多用于大中型泵车。泵车在移动时一般采用钢丝绳挂钩作为安全装置，以免发生事故。

第六节　其他取水构筑物

一、斗槽式取水构筑物

当取水量大、河水含沙量大、冬季冰情严重的河流上取水时，为避免泥沙和潜冰对取水的威胁，可采用斗槽式取水构筑物。

斗槽是指在取水口附近修筑围堤或开挖的深槽。斗槽式取水构筑物是指在岸边取水构筑物进水口附近修建斗槽而组成的取水构筑物，如图 6-36 所示。根据水流进入斗槽的方式，可以分为顺流式、逆流式、双流式。

顺流式斗槽，如图 6-36(a)，斗槽内水流方向与河水流向基本一致。由于斗槽中流速小于河水的流速，一部分动能迅速转为位能，在斗槽进口处形成壅水、产生横向环流，所以进入斗槽的水流主要是表层水流。因此，顺流式斗槽适用于泥沙较多，冰凌较少的河流。逆流式斗槽，如图 6-36(b)，斗槽内水流方向与河水流向相反，河水在斗槽进口处受到抽吸，形成水位跌落，斗槽进口处的水位低于河流的水位，产生横向环流，进入斗槽的水流主要是下层水流。因此，逆流式斗槽适用于含沙量较小，而漂浮物及冰凌较多的河流。双流式斗槽，如图 6-36(c)，在斗槽上、下游设置闸门，根据河水含沙量、漂浮物与冰凌情况打开不同进水孔，则兼有顺流式和逆流式斗槽的特点，适用于洪水期含沙量大而冬季冰凌严重的河流。

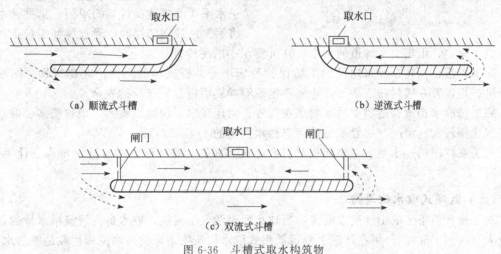

(a) 顺流式斗槽　　　　　　　　　　　　　　(b) 逆流式斗槽

(c) 双流式斗槽

图 6-36　斗槽式取水构筑物

斗槽式取水构筑物施工量大、造价高、排泥困难，近年来设计较少。

二、山区浅水河流取水构筑物

(一) 山区河流的特点

山区浅水河流具有与一般平原河流不同的特点：河床坡度陡，且河床通常是由砂石、卵石等岩石组成，推移质多。洪水期、枯水期水质、水量差异大。暴雨后，山洪暴发，洪水流量是枯水流量的数十倍、数百倍或更大，水质浑浊，含沙量大，漂浮物多。枯水期水流清澈，但水深较浅。北方某些山区河流潜冰期较长。因此，对于山区浅水河流，为使枯水期也能取水，须修筑低坝抬高水位；还要考虑能将推移质顺利排走，不至淤塞或冲击取水构筑物。常用的取水构筑物有底栏栅取水构筑物、低坝式取水构筑物等。

(二) 底栏栅取水构筑物

利用设在坝顶进水口的栏栅减少砂石等杂物进入引水廊道的取水构筑物，称为底栏栅取水构筑物，它由溢流坝、底栏栅、引水廊道、沉沙池、取水泵站等组成，如图 6-37 所示。

溢流坝：溢流坝为拦河低坝，通常用混凝土或浆砌块石筑成，其作用是抬高水位。坝与水流方向垂直布置。坝顶一般高于河底 0.5~1.0m，不影响洪水期行洪。

底栏栅：底栏栅截留河水中较大颗粒的推移质，并滚落到下游，河水一部分流过溢流坝顶，一部分通过底栏栅流入引水廊道，经沉沙池去除粗颗粒后，由水泵抽走。底栏栅顶面比溢流坝顶面低 0.3～0.5m，便于枯水期及一般平水季节使水流全部从底栏栅上通过。

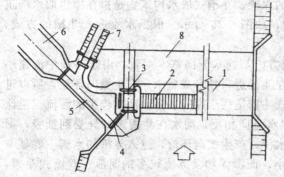

图 6-37 底栏栅式取水构筑物
1—溢流坝（低坝）；2—底栏栅；3—冲沙室；
4—进水闸；5—第二冲沙室；
6—沉沙池；7—排沙渠；8—防洪护坦

引水廊道：引水廊道位于底栏栅的下面，汇集流进底栏栅的全部水量，水流经冲沙室、第二冲沙室后，进入沉沙池。引水廊道一般采用矩形断面，其内壁用耐磨材料衬砌。

进水闸：为冲沙与进水调节及切换水路，设置进水闸。

冲沙室与沉沙池：开启冲沙室前后的闸门，借助河水可将冲沙室的泥沙排走；开启进水闸 4 及排沙渠首端的闸门，借助河水可将第二冲沙室的泥沙，通过排沙渠排走。沉沙池设于岸边，汇集引水廊道的来水，并沉淀水中的泥沙。

防洪护坦：指建在泄水建筑物下游保护河床不受冲刷破坏的刚性护底建筑物。图 6-37 中防洪护坦设置在底栏栅下游，防止底栏栅下游冲刷而危及构筑物的安全。

底栏栅取水构筑物适用于枯水期水深较浅、河床较窄、河底纵坡大、推移质多、取水量占河水比例较大的情况（一般不超过河道枯水流量的 1/4～1/3）。

有关底栏栅的进水量、栏栅面积及引水廊道断面的计算，可参阅《给水排水设计手册》第 3 册。

（三）低坝式取水构筑物

对于推移质不多的山区浅水河流，当枯水期水浅且不通航，取水量占河流枯水量的百分比较大（30%～50%），可在河流上修筑低坝式取水构筑物，以抬高水位和拦截足够的水量。常见的低坝有固定式和活动式两种。

1. 固定式低坝取水

固定式低坝取水是由拦河低坝、冲沙闸、进水闸或取水泵站等部分组成，其布置如图 6-38 所示。

拦河低坝：一般做成溢流型，坝身通常用混凝土或浆砌块石建造，一般坝高 1～2m。枯水期挡水抬高水位；洪水期泄洪，故坝顶应有足够的泄水宽度。在低坝下游一定范围内需用混凝土或浆砌块石铺筑护坦，护坦上设消力墩、齿槛等消能设施。上游河床应用黏土或混凝土作防渗铺盖，铺盖上需设置 30～50cm 的砌石层。有时需在坝基打入板桩或砌筑齿墙防渗。

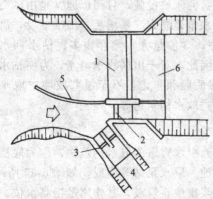

图 6-38 低坝式取水构筑物
1—溢流坝（低坝）；2—冲沙闸；3—进水闸；
4—引水明渠；5—导流堤；6—护坦

进水闸与冲沙闸：进水闸将河水引入明渠。由于筑坝抬高了上游水位，使流速变小，将产生泥沙淤积，因此在溢流坝的一侧设置冲沙闸，将坝上游沉积的泥沙排至下游。进水闸与冲沙闸的轴线夹角应为 30°～60°，以便在取水的同时进行排沙。运行时，控制冲沙闸闸门开启高度，使含沙量较大的下层水流由冲沙闸泄至下游，而含沙较小的表层水流则进入进水闸，并流入引水明渠。

导流堤的作用是引导水流进入进水闸。

2. 活动式低坝取水

活动式低坝有袋形橡胶坝和浮体闸等。

（1）袋形橡胶坝。袋形橡胶坝是用合成纤维织成的帆布，布面塑以橡胶，黏合成的一个坝袋，锚固在坝基和边墙上，然后用水或空气充胀，形成坝体挡水，如图 6-39 所示。当水或空气排除后，坝袋塌落便能泄水。它相当于一个活动闸门，既能挡水，又能泄水，在洪水期能减少上游淹没面积，且能冲走坝前沉积的泥沙，施工安装方便，节约材料，操作灵活，因此使用较多。但坝袋的使用寿命较短，维护管理较复杂。

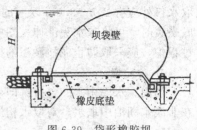

图 6-39　袋形橡胶坝

（2）浮体闸。浮体闸由一块可以转动的主闸板、上下两块可以折叠的副闸板组成，如图 6-40 所示。闸板之间及闸板与闸底板、闸墙之间用铰连起来，再用橡胶等止水设施封闭，形成一个可以折叠的封闭体。主闸板与副闸板之间的空间称为空腔。枯水季节，向空腔内充水，闸板竖起挡水；洪水季节将空腔内的水放出，闸板回落泄洪。浮体闸不需要启闭机等设施，只需一套充排水系统，投资少，使用寿命比橡胶坝长，适用于枯水期水浅的山区河流。

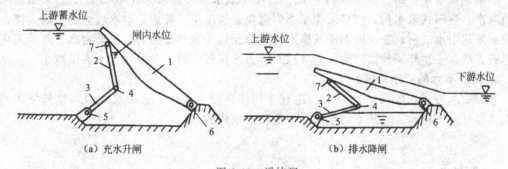

图 6-40　浮体闸
1—主闸板；2—上副闸板；3—下副闸板；4—中铰；5—前铰；6—后铰；7—顶铰

三、湖泊和水库取水构筑物

（一）湖泊和水库取水特点

1. 水量与水位具有季节变化

以地表水为主要水源的湖泊和水库，洪水季节蓄水量增大，水位升高；而枯水季节则反之。因此，设置取水口要满足洪、枯季节的取水要求。湖泊、水库取水构筑物的防洪标准与大坝等主要构筑物的防洪标准相同，并采用设计和校核两级防洪标准。此外，湖泊和水库的水位还受风向、风速影响，迎风岸要考虑由于风向、风速的影响，而导致水位壅高，非淹没式的进水间的顶面高程，要考虑风浪高。

2. 水生生物

由于湖泊和水库中的水流动缓慢，阳关充足，利于水生生物生长。水生生物十分丰富，有浮游生物、漂浮生物、水底生物等。由于湖泊富营养化，表层水温高，夏季常有大量浮游生物和藻类繁殖，使水的浑浊度和色度增高，产生臭味，影响水质。另外，在风的作用下，一些漂浮物会聚集在主导风向的下方。因此，布设取水口要考虑水生生物对水质影响，且应避免设置在主导风向的下方。

3. 泥沙淤积

湖泊、水库水流较慢，河水带入的泥沙形成泥沙沉积，尤其在河流入口处，由于水流突然变缓，易形成大量淤泥。取水口应靠近大坝，并考虑泥沙淤积合理确定取水口的底高程、取水口处应有 2.5～3.0m 以上的水深，深度不足时，可采用人工开挖。当湖岸为浅滩且湖底平缓时，可将取水头部伸入湖中远离岸边，以取得较好的水质。此外，在湖泊与水库运行过程中，应采取防止泥沙淤积的措施。

4. 含盐量

湖泊、水库中水的含盐量即矿化度，与补给水源的水质、蒸发、蓄水构造等有关。如果在非淡水湖泊中取水，对取水构筑物要采取防腐措施，详见海水取水构筑物。

5. 风浪

在风力作用下，湖泊和水库会产生较大的风浪，在风浪冲击和水流冲刷下，湖岸、库岸可能会遭到破坏而变形，甚至发生崩塌和滑坡。取水构筑物应建在稳定的湖岸或库岸处，一般岸坡坡度较小、岸高不大的基岩或植被完整的湖岸和库岸是较稳定的地方。

（二）湖泊和水库取水构筑物

1. 隧洞式和引水明渠取水

隧洞式取水构筑物，如图 6-41 所示，适用于取水量大且水深在 10m 以上的大型水库和湖泊取水。隧洞式取水构筑物可采用水下岩塞爆破法施工。即选定取水隧洞的下游一端，先行挖掘修建引水隧洞，在接近湖底或库底的地方预留一定厚度的岩石，即岩塞，然后采用水下爆破方法，一次炸掉预留岩塞，形成取水口。水深较浅时，常采用引水明渠取水。

2. 分层取水的取水构筑物

分层取水方式，如图 6-42 所示，适宜于深水湖泊或水库。这种取水构筑物与坝体同时施工。可针对不同季节，从不同水深处取得较好水质的水。

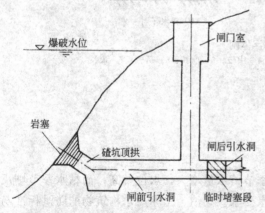

图 6-41　隧洞式取水及岩塞爆破法示意图　　　　图 6-42　分层取水构筑物

3. 湖心式取水构筑物

在浅水湖泊或水库取水，当岸边水深不足或水质较差时，须将取水头部设于湖心或修建湖心式取水构筑物，图 6-43 为无锡市太湖某疗养院的湖心式取水构筑物。这种取水构筑物，将进水间和泵房建于湖心，与湖岸用栈桥相连。

以上为湖泊和水库常用的取水构筑物类型，具体型式应根据水文特征和地形、地貌、气象、地质、施工条件等进行技术经济比较后确定。

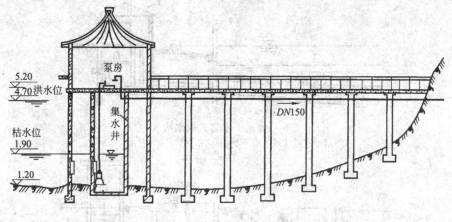

图 6-43　无锡市某疗养院湖心式取水构筑物

四、海水取水构筑物

(一) 海水取水的特点

很多沿海城镇采用海水作为工业冷却用水的水源，必须充分认识海水取水的特点。

1. 海水含盐量高，对取水构筑物腐蚀性强

我国沿海海水的平均含盐量在 3.5%，如不经处理，只能用于工业冷却用水。海水中盐分主要为氯化钠、氯化镁、硫酸钠和少量碳酸钙等，故海水腐蚀性强，硬度高。采取的防腐措施主要有：

(1) 采用耐腐材料及设备。如青铜、镍铜、铸铁、钛合金以及非金属材料制作的管道、管件、泵体、叶轮等。不锈钢、合金钢、铜合金抗腐蚀能力最强，铸铁次之，普通碳钢最差。

(2) 对管道内壁、阀件等表面涂水泥沙浆、沥青涂料、环氧沥青漆等防腐涂料；混凝土构件应采用强度较高的抗硫酸盐水泥，或在混凝土表面涂防腐涂料。

(3) 采用阴极保护，例如牺牲阳极法。

2. 海生物的影响与防治

海水中生物大量繁殖，会造成取水头部、格网和管道阻塞，且不易清除，对取水安全有很大威胁。防治和清除海生物的办法有：加氯法、加碱法、加热法、机械刮除、密封窒息、电极保护等。加氯法采用最多，效果较好，余氯量保持在 0.5mg/L，即可抑制海生物繁殖。

3. 潮汐和波浪

潮汐平均每隔 12 小时 25 分钟出现一次高潮，高潮之后 6 小时 12 分钟出现一次低潮。运用潮汐规律，可修建潮汐式取水构筑物。海水的波浪可产生很大的冲击力和破坏力，取水口应该设在海湾内风浪较小的地段，并采取防护措施，如建造防浪（波）堤等。

4. 泥沙淤积

海滨地区，特别是淤泥质海滩，泥沙随潮汐运动而流动，可能造成取水口及引水管槽严重淤积。因此，取水口应避开泥沙淤积的地方，最好设在岩石海岸、海湾或防波堤内。

(二) 海水取水构筑物的主要形式

1. 引水管渠取水

当海滩比较平缓时，用自流管或引水管渠取水，分别如图 6-44、图 6-45 所示。

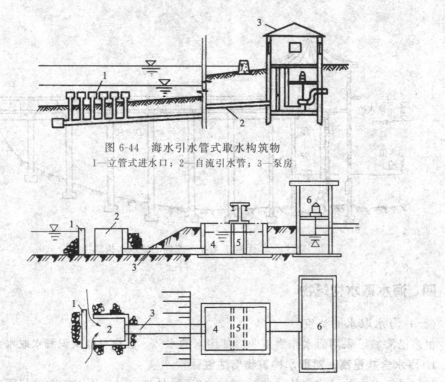

图 6-44 海水引水管式取水构筑物
1—立管式进水口；2—自流引水管；3—泵房

图 6-45 海水引水管渠式取水构筑物
1—防浪墙；2—进水斗（取水头部）；3—引水渠；4—沉淀池；5—滤网；6—泵房

2. 岸边式取水

在深水海岸，当岸边地质条件较好，风浪较小，泥沙较少时，可以建造岸边式取水构筑物，从海岸边取水，或者采用水泵吸水管直接深入海岸边取水。

3. 斗槽式取水

在海岸边围堤修筑斗槽，在斗槽末端设置取水泵站，从斗槽取水，如图 6-46 所示。斗槽的作用是防止波浪的影响和使泥沙沉淀。但斗槽内沉淀的泥沙排除较困难，需用挖泥船清淤。

4. 潮汐式取水

在海边围堤修建蓄水池，在靠海岸的池壁上设置若干个潮门。涨潮时，海水推开潮门，进入蓄水池；退潮时，潮门自动关闭，泵站自蓄水池取水，如图 6-47 所示。这种取水方式可节约投资和电耗，但池中沉淀的泥沙清除较为麻烦，因此适用于海水含沙量较小的情况。此外，当取水量较大时，退潮停止进水的延续时间较长时，蓄水池容积大，投资大；海生生物会影响潮门的启闭。

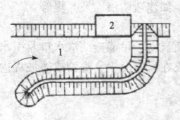

图 6-46 海水斗槽式取水构筑物
1—斗槽；2—取水泵站

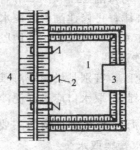

图 6-47 潮汐式取水构筑物
1—蓄水池；2—潮门；3—取水泵站；4—海湾

思考题与技能训练题

1. 试绘制岸边式取水构筑物的示意图，并回答其适用条件。

2. 试绘制河床式取水构筑物的示意图，并回答其适用条件。

3. 试对比进水间（集水间）与泵房的基础呈水平状与阶梯状布置的优缺点。

4. 当取水流量一定时，如何计算格栅面积（即进水孔面积）、平板格网面积？

5. 旋转式格网有哪三种布置方式？试对比不同布置形式的优缺点。

6. 采用两根自流管的河床式取水构筑物，当一根发生故障时，为什么要对吸水室最小水深进行校核，如何校核？

7. 试针对图 6-48 回答如下问题：

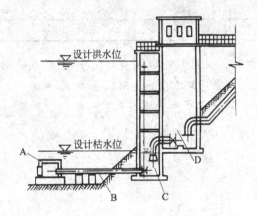

图 6-48

（1）图 6-48 所示取水构筑物的名称、主要组成部分（即字母所示各部分的名称）。

（2）写出根据设计枯水位确定 C 中所示最低动水位的公式，并回答 C 中的最小水深应满足什么要求。

8. 某地表水取水构筑物采用箱式取水头部，并设两个进水孔引水，用户的设计取水量为 $24 \times 10^4 \mathrm{m}^3/\mathrm{d}$。水厂自用水率和原水输水管漏失率合计为 6%，无冰絮。取水头进水孔上设置格栅，其厚度为 20mm，栅条间净距为 100mm，试确定每个进水孔的面积。

9. 直流式布置的旋转格网，通过流量为 $1.5\mathrm{m}^3/\mathrm{s}$，网眼尺寸 10mm×10mm，网丝直径 1mm，旋转格网宽度 2.3m，水流侧收缩系数 ε 取 0.80，试确定格网在最低动水位以下的深度 H。

10. 典型案例：某河床式取水构筑物设计取水量为 $4320\mathrm{m}^3/\mathrm{h}$，取水保证率为 95%。设有 4 台水泵（3 用 1 备），水泵直接从无冰絮的河道吸水，管式取水头部进水孔上安装固定格栅，其厚度为 10mm，栅条间中心距为 60mm，格栅阻塞系数 0.75。试进行如下计算：

（1）每个取水头部进水孔面积最小为多大？

（2）水泵吸水管直径最小为多少？

（3）该取水断面具有 30 年枯水位资料，见表 6-3。试通过计算回答该河流的设计枯水位能否满足垂直向下式的管式取水头部的吸水要求（取水头部位置的河底高程为 40.00m）。

表 6-3 某取水断面历年枯水位资料

年份	枯水位/m	年份	枯水位/m	年份	枯水位/m
1982	45.29	1992	44.28	2002	45.26
1983	45.08	1993	44.44	2003	43.63
1984	45.41	1994	44.61	2004	43.35
1985	45.23	1995	43.82	2005	43.93
1986	44.69	1996	44.08	2006	44.56
1987	44.68	1997	44.21	2007	43.21
1988	45.01	1998	45.43	2008	44.93
1989	45.29	1999	43.44	2009	45.13
1990	44.87	2000	45.16	2010	42.62
1991	45.38	2001	43.51	2011	42.93

11. 某河床式取水构筑物，采用箱形取水头部，$Q = 20000 \text{m}^3/\text{d}$，水处理厂自用水量按5%考虑。栅条厚度10mm，栅条净距50mm，阻塞系数 $K_2 = 0.75$，无冰絮，根据规范确定取水头部进水流速为0.3m/s，求取水头部进水孔的面积。

参考文献

［1］ 刘自放，张廉均，邵丕红．水资源与取水工程．北京：中国建筑工业出版社，2000．

［2］ 张子贤．工程水文及水利计算．第 2 版．北京：中国水利水电出版社，2008．

［3］ 张子贤．论最小二乘法回归分析中的几个问题．河北水利水电技术，2002，(5)：15-17．

［4］ 张子贤．水科学中应用数理统计方法应注意的几个问题．中国农村水利水电，2005，(12)：13-15．

［5］ 张子贤．幂函数型水位流量关系回归方法的研究．人民长江，2012，43(15)：32-34．

［6］ 张子贤．可线性化的非线性回归的有关问题与几种回归方法的比较．数学的实践与认识，2015，45(18)：167-173．

［7］ 孙士权．村镇供水工程．郑州：黄河水利出版社，2008．

［8］ 虎胆•吐马尔白．地下水利用．第 4 版．北京：中国水利水电出版社，2008．

［9］ 李广贺．水资源利用与保护．第 2 版．北京：中国建筑工业出版社，2010．

［10］ 徐得潜．水资源利用与保护．北京：化学工业出版社，2013．

［11］ 张玉先．给水工程．北京：中国建筑工业出版社，2011．

［12］ 彭立春．给水排水工程专业案例应试宝典．北京：中国建筑工业出版社，2013．

［13］ 程晓陶，吴玉成，王艳艳，等．洪水管理新理念与防洪安全保障体系的研究．北京：中国水利水电出版社，2004．

［14］ 王国新，陈韵君，杨晓柳，等．水资源学基础知识．北京：中国水利水电出版社，2003．

［15］ GB 50201—2014 防洪标准．北京：中国计划出版社，2014．

［16］ GB 50013—2006 室外给水设计规范．北京：中国计划出版社，2006．

［17］ GB 50027—2001 供水水文地质勘察规范．北京：中国计划出版社，2001．

［18］ SL 454—2010 地下水资源勘察规范．北京：中国水利水电出版社，2010．

［19］ SL 278—2002 水利水电工程水文计算规范．北京：中国水利水电出版社，2002．

［20］ SL/T 238—1999 水资源评价导则．北京：中国水利水电出版社，1999．

［21］ SL 395—2007 地表水资源质量评价技术规程．北京：中国水利水电出版社，2008．

［22］ GB/T 14848—1993 地下水水质标准．北京：中国计划出版社，1993．

［23］ GB 50296—2014 管井技术规范．北京：中国计划出版社，2014．

［24］ GB 5749—2006 生活饮用水卫生标准．北京：中国标准出版社，2006．

［25］ GB 3838—2002 地表水环境质量标准．北京：中国环境科学出版社，2002．

［26］ 上海市政工程设计研究院．给水排水设计手册第 3 册．城镇给水．第 2 版．北京：中国建筑工业出版社，2004．

［27］ 石振华，李存尧．城市地下水工程与管理手册．北京：中国建筑工业出版社，1993．

［28］ 张旺，庞靖鹏．海绵城市建设应作为新时期城市治水的重要内容．水利发展研究，2014(9)：5-7．

［29］ 周金全．地表水取水工程．北京：化学工业出版社，2005．

［30］ 黄长盾，欧阳湘．村镇给水实用技术手册．北京：中国建筑工业出版社，1991．

［31］ 张子贤，袁德明，刘家春，等．基于 BP 网络的承压水漏斗动态规律研究．人民长江，2011，42(23)：14-18．